T0206391

Chronische intracochleäre Elektrostimulation und ihr Einfluss auf das auditorische System

Sebastian Jansen

Chronische intracochleäre Elektrostimulation und ihr Einfluss auf das auditorische System

Sebastian Jansen
Berlin, Deutschland

Dissertation an der Lebenswissenschaftlichen Fakultät der Humboldt-Universität zu Berlin unter dem Titel „Einfluss chronischer elektrischer intracochleärer Stimulation auf das zentrale und periphere auditorische System im Meerschweinchen (Cavia Porcellus)"zur Erlangung des akademischen Grades Dr. rer. nat. im Fach Biologie/ Neurobiologie.

Tag der Mündlichen Prüfung: 18.10.2016

ISBN 978-3-658-18140-6 ISBN 978-3-658-18141-3 (eBook)
DOI 10.1007/978-3-658-18141-3

Die Deutsche Nationalbibliothek verzeichnet diese Publikation in der Deutschen Nationalbibliografie; detaillierte bibliografische Daten sind im Internet über http://dnb.d-nb.de abrufbar.

Springer Spektrum

Gedruckt auf säurefreiem und chlorfrei gebleichtem Papier

Springer Spektrum ist Teil von Springer Nature
Die eingetragene Gesellschaft ist Springer Fachmedien Wiesbaden GmbH
Die Anschrift der Gesellschaft ist: Abraham-Lincoln-Str. 46, 65189 Wiesbaden, Germany

Zusammenfassung

In der vorliegenden Arbeit wurden einseitig mit Human-Cochlea-Implantat versorgte Meerschweinchen verwendet, die auf dem anderen Ohr normalhörend waren und mit einer einseitig vertäubten, aber nicht elektrostimulierten Kontrollgruppe verglichen wurden.

Untersucht wurde der Einfluss von drei unterschiedlichen Stimulationsraten und drei Stimulationsintensitäten während einer einseitigen Elektrostimulation. Dabei wurde zunächst der Einfluss der Elektrostimulation auf die Hörschwellen mittels Hirnstammaudiometrie (ABR) untersucht. Anschließend wurden die Zelldichten in der aufsteigenden Hörbahn (dorsaler *Nucleus Cochlearis*, *Colliculus Inferior*, medialer Kniehöcker und auditorischer Cortex) im Hirnschnitt unter Verwendung einer Hämalaun-Eosin Färbung bestimmt.

Ein Zusammenhang zwischen der verwendeten Stimulationsrate und den in der zentralen Hörbahn gefundenen Zelldichten wurde ebenso wenig gezeigt wie ein Zusammenhang mit den mittels ABR ermittelten Hörschwellen der normalhörenden Seite. Dagegen wurde jedoch ein Zusammenhang zwischen den in der Elektrostimulation verwendeten Stimulationsintensitäten und den ermittelten Zelldichten festgestellt. Die niedrigste verwendete Stimulationsintensität führte zu einer bilateralen Konservierung der Zelldichten in der gesamten untersuchten Hörbahn, wogegen eine Elektrostimulation mit der höchsten Stimulationsintensität zum Teil einen bilateralen Zellverlust im dorsalen Nucleus Cochlearis, medialen Kniehöcker und im auditorischen Cortex zur Folge hatte. Dieser Zellverlust führte in dem Untersuchungszeitraum nicht zu einer signifikanten Veränderung der Hörschwelle.

Abstract

In this study, human cochlear implants (CI) were implanted unilaterally in the cochlea of guinea pigs that were normal hearing on the contralateral side. Electro-stimulation was used on the cochlea with the implanted CI. They were compared to an unilaterally implanted but not electro-stimulated control group.

This study investigates the effect of three different stimulation-rates and three different stimulation-intensities in unilateral electro-stimulation. The effect of the electro-stimulation on the hearing thresholds was determined using auditory brainstem recordings (ABR). Afterwards, cell densities in the ascending auditory pathway (dorsal cochlear nucleus, inferior colliculus, medial geniculate body and auditory cortex) were measured in brain slices stained with hematoxylin and eosin.

No evidence was found of a connection between the different stimulation rates of electro-stimulation in the cochlea with a CI and cell densities seen in the central auditory pathway. Furthermore, there were no links found between hearing thresholds determined by ABR and the different parameters that were used for the electro-stimulation.

However a significant effect of the different stimulation intensities on the cell densities identified in the auditory pathway was demonstrated. The lowest intensity used in the electro stimulation led to a bilateral preservation of cell densities in the entire auditory pathway whereas electro-stimulation with the highest intensity induced a significant cell loss in the auditory pathway (dorsal cochlear nucleus, the medial geniculate body and the auditory cortex). Interestingly, this cell loss was not accompanied by significant changes in the auditory threshold.

Inhaltsverzeichnis

Seite

Abbildungsverzeichnis

Abkürzungsverzeichnis

AAF	Anterior Auditory Field (anteriores auditorisches Feld im AC)
ABR	Auditory Brainstem Response (Hirnstammaudiometrie)
AC	Auditorischer Cortex
AI	Primärer auditorischer Cortex
AII	Sekundärer auditorischer Cortex
AMPA	α-Amino-3-Hydroxy-5-Methyl-4-Isoxazolepropionic-Acid
ANOVA	Analysis of variance (Varianzanalyse)
AVCN	Anterior ventraler CN
BIC	Brachium des IC
CAP	Compound Action Potential (zusammengesetztes Aktionspotential)
CB	*Cerebellum*
CI	Cochlea Implantat
CN	Cochlear Nucleus (*Nucleus Cochlearis*)
CU	Clinical Unit (klinische Einheit)
dB	Dezi Bel, Hilfseinheit für logarithmische Größen, hier eines Pegels
DCN	Dorsal Cochlear Nucleus (dorsaler *Nucleus Cochlearis*)
DNLL	Dorsaler Nucleus des Lateralen Lemniscus
DPI	Dots Per Inch (Punkte pro Quadratzoll)
DPOAE	Distortion Product Otoacustic Emissions (Distorsionsprodukt otoakustischer Emissionen)
eBERA	Electric Brainstem Evoked Response Audiometry (Elektrisch ausgelöste Hirnstammaudiometrie)
FEM	Forschungseinrichtungen für experimentelle Medizin der Charité Berlin
GABA	Gamma Amino Buttyric Acid (γ-Aminobuttersäure)
HF	Hoher Frequenzbereich
HSP 70	Heatshock Protein 70
HSR	High Stimulation Rate (hohe Stimulationsrate)

IC	Inferior Colliculus (*Colliculus Inferior*)
ICC	Zentraler Nucleus des IC
ICDC	Dorsaler Cortex der IC
ICX	Externer (auch lateraler) Nucleus des IC
IDR	Input Dynamic Range (Eingangsdynamikbereich)
IHC	Inner Hair Cells (innere Haarsinneszellen)
ILD	Interaural Level Difference (Interaurale Intensitäts bzw. Lautstärke Differenz)
ITD	Interaural Time Difference (Interaurale Zeitdifferenz)
JPEG	Joint Photographic Expert Group (komprimiertes Foto Dateiformat)
LL	Lateraler Lemniscus
LSO	Lateral Superior Olivary Complex (lateraler superiorer Olivenkomplex)
LSR	Low Stimulation Rate (niedrige Stimulationsrate)
M-Level	Most Comfortable Level (angenehm lautes Level)
MF	Mittlerer Frequenzbereich
MGB	Medial Geniculate Body (*Corpus geniculatum mediale*, medialer Kniehöcker)
MGBd	Dorsaler MGB
MGBm	Medialer MGB
MGBv	Ventraler MGB
Micro-CT	Mikro Computer Tomograph
MRT	Magnet Resonanz Tomographie
MSO	Medial Superior Olivary Complex (medialer superiorer Olivenkomplex)
MSR	Medium Stimulation Rate (mittlere Stimulationsrate)
NIHL	Noise Induced Hearing Loss (Lärminduzierter Hörverlust)
NMDA	N-Methyl-D-Aspartat
OHC	Outer Hair Cells (äußere Haarsinneszellen)
PAF	Posterior Auditory Field (posteriores auditorisches Feld)
PBS	Phosphate Buffered Saline (Phosphat gepufferte Salzlösung)

PFA	Paraformaldehyd
pps/ch	Pulses per second per channel (Impulse pro Sekunde pro Kanal)
PVCN	Posterior ventraler CN
SE	Standard Error (Standardfehler)
SGZ	Spiralganglienzelle
SH	Stria of Held
SM	Stria of Monaco
SNHL	Sensorineural Hearing Loss (sensorischer Hörverlust)
SOC	Superior Olivary Complex (Superiorer Olivenkomplex)
SOE	Spread of Excitation (Erregungsausbreitung in der Cochlea)
SPL	Sound Pressure Level (Schalldruckpegel)
T-Level	Threshold Level (Schwellenlevel)
t-NRI	threshold of the Neuronal Response Imaging (Schwelle der neuralen Antwort-Telemetrie)
TB	Trapezoid Body (Trapezkörper)
TF	tiefer Frequenzbereich
VCN	Ventraler CN
VNLL	ventraler Nucleus des LL
ZNS	Zentralnervensystem

1 Einleitung

Einseitiger Hörverlust wird begleitet von einem schlechteren Sprachverständnis und infolge dessen von einer geringeren Intelligenz, wie in Studien im Vergleich mit normal hörenden Geschwistern gezeigt wurde (Fischer und Lieu, 2014; Lieu et al., 2010). Das Fehlen eines räumlichen Hörvermögens reduziert außerdem die Lebensqualität (Basta et al., 2015). Eine einseitige Versorgung mit einem Cochlea Implantat (CI) konnte nachweislich zu einer Verbesserung des Sprachverständnisses und des Richtungshörens führen (Hassepass et al., 2013; Távora-Vieira et al., 2014).

Die neurophysiologischen und –anatomischen Folgen der einseitigen Elektrostimulation durch ein CI mit Einstellungen, wie sie auch am menschlichen Patienten verwendet werden, sind bisher nicht vollständig untersucht. Bei einem CI handelt es sich um ein Gerät, das die Hörfunktion wiederherstellt, indem eine in die Cochlea (Innenohr) implantierte Multielektrode den Hörnerv elektrisch stimuliert.

In der vorliegenden Arbeit werden am Tiermodell Meerschweinchen (*Cavia Porcellus*) die Wirkung einer einseitigen Elektrostimulation mit einem CI bei gleichzeitiger einseitiger akustischer Stimulation untersucht. Dabei werden Implantate desselben Modells und die gleiche Art von Stimulationen verwendet, die ebenfalls beim menschlichen Patienten Verwendung finden. In der vorliegenden Arbeit wird ein besonderer Schwerpunkt auf die physiologischen und anatomischen Veränderungen gelegt, die durch unterschiedliche Einstellungen der Elektrostimulationsparameter verursacht werden. Die Ergebnisse werden verglichen mit denen einer ipsilateral tauben und contralateral normalhörenden Kontrollgruppe. Die Kontrollgruppe ist ipsilateral mit einem CI versorgt wurde jedoch nicht elektrisch stimuliert.

1.1 Physiologie des Hörvorganges

1.1.1 Peripherer physiologischer Hörvorgang

Beim Hörvorgang wird der Schall über Ohrmuschel und Gehörgang zum Trommelfell geleitet. Hierbei kann es zu einer Verstärkung des Signals von bis zu 30 dB SPL (dezi Bel, Sound Pressure Level; Schalldruckpegel) kommen (Maurer und Eckhardt-Henn, 1999). Am Trommelfell wird der Schall von Luft- in Körperschall umgewandelt und auf die Mittelohrknochen übertragen. Die Mittelohrknochen, Hammer, Amboss und Steigbügel, verhindern eine Reflexion des Luftschalls beim Übergang der Schallenergie in die mit Flüssigkeit gefüllte Cochlea am ovalen

Fenster. Ohne die mit der Gehörknöchelchenkette verbundene Impedanz-Anpassung würden 98% des Schalls beim Übergang zur Cochlea reflektiert. Dadurch wird auch verhindert, dass der Schall gleichzeitig am runden und am ovalen Fenster der Cochlea auftrifft. In diesem Fall wäre aufgrund der geringen Druckunterschiede an den beiden Fenstern das Hören nur eingeschränkt möglich.

Die Rolle der Cochlea besteht darin, komplexe Schallwellen in elektrische neuronale Aktivität im Hörnerv umzuwandeln. Sie besteht aus drei übereinanderliegenden Scalen, *Scala Vestibuli*, *Scala Tympani* und *Scala Media*, die beim Meerschweinchen je nach Zuchtstamm in dreieinhalb (Wysocki, 2005) bis viereinhalb Windungen schneckenhausförmig aufgerollt sind (Culler et al., 1943; Fernández, 1952). *Scala Vestibuli* und *Scala Tympani* enthalten Perilymphe, eine kaliumarme und natriumreiche Flüssigkeit. Die *Scala Media* enthält eine natriumarme und kaliumreiche Flüssigkeit, die Endolymphe. Die *Scala Media* wird durch die Reissner-Membran (zur *Scala Vestibuli*), durch die Basilarmembran (zur *Scala Tympani*) und nach außen durch die Stria Vascularis begrenzt. Die Stria Vascularis hat eine bedeutende Rolle bei der Aufrechterhaltung der Ionenzusammensetzung der Endolymphe und des endocochleären Potentials, der Potentialdifferenz zwischen Endolymphe und Perilymphe, die beim Säugetier 50-120 mV beträgt (Schmidt und Fernandez, 1963; Schmidt und Fernández, 1962). Beim Meerschweinchen wurden dabei an der Basis höhere Potentiale als in den apikalen Windungen gemessen (Miller et al., 2009).

Der sich verändernde Druck, den das Mittelohr auf das Vestibulum ausübt, versetzt die Perilymphe der *Scala Vestibuli* in Bewegung. Diese überträgt sich auf die Endolymphe und damit auch auf die Tektorialmembran. Zwischen Tektorialmembran und Basilarmembran befindet sich das cortische Organ in dem auch die Haarsinneszellen liegen. Diese sind sekundäre Sinneszellen, d.h. sie haben kein eigenes Axon, das Informationen zum Zentralnervensystem (ZNS) weiterleiten kann. Die Stereozilien der Haarsinneszellen werden durch die Bewegung der Tektorialmembran ausgelenkt. Eine Auslenkung in eine Richtung führt durch einen vermehrten Einstrom von Kalium zu einer Depolarisation der Zelle. Anschließend verstärken spannungsgesteuerte Calciumkanäle die Depolarisation. Die calciumgesteuerten Kaliumkanäle öffnen sich und stellen den Ursprungszustand durch Repolarisation wieder her. Danach wird das Calcium aktiv aus der Zelle entfernt. Eine Auslenkung der Haare in die Gegenrichtung führt zu einer Hyperpolarisation, da der ständige Kaliumeinstrom reduziert wird, der Ausstrom und der Austransport aber andauern. Die Depolarisation ist stärker als die Hyperpolarisation, wodurch es nicht zu einer gegenseitigen Aufhebung kommt. Frequenzkorrelierte Informationen können folglich übertragen werden.

In der Cochlea existieren zwei Typen von Haarsinneszellen: die äußeren Haarsinneszellen (OHC; Outer Hair Cell), die beim Menschen in drei bis vier Reihen vorliegen und die inneren Haarsinneszellen (IHC; Inner Hair Cell), die in einer Reihe vorliegen (Ashmore, 2008). Die OHC sind unabdingbar für die Frequenzselektivität und die normale Funktion der Cochlea (Dallos, 2008; Dallos und Harris, 1978). Die IHC führen die oben genannte Umwandlung komplexer Schallwellen in elektrische Aktivität durch und beginnen die Depolarisation der Spiralganglienzellen (SGZ) (Raphael und Altschuler, 2003).

Es existieren zwei Arten von SGZ. Sie befinden sich in dem spiralförmig um den Modiolus gewundenen Rosenthal-Kanal und bilden zwei unterschiedliche Arten von Hörnervfasern. Dabei liegen die SGZ immer parallel zu den weiter außen gelegenen Sinnesepithelien. Die inneren Haarsinneszellen sind verbunden mit den Typ I SGZ, großen bipolaren Neuronen, die den größten Anteil der SGZ bilden (90-95 %). Die äußeren Haarsinneszellen sind synaptisch verbunden mit den Typ II SGZ (Raphael und Altschuler, 2003), einem kleinen und weniger häufigen (5-10 %) pseudounipolaren Zelltyp. Eine ihrer Funktionen könnte eine efferente Feedback-Schleife sein: Der olivocochleäre Reflex. Die Typ II SGZ projizieren in die äußere Region des *Nucleus Cochlearis* (CN), der wiederum den superioren Olivenkomplex (SOC, Superior Olivary Complex) innerviert.

1.1.2 Unterschiede zwischen Mensch und Tier

In der Literatur finden sich zwischen Mensch und Säugetier signifikante Unterschiede sowohl bei der Anzahl der IHC (2400 Meerschweinchen, 2800 bis 4400 Mensch) und äußeren Haarsinneszellen (8000 Meerschweinchen, 11200 bis 16000 Mensch) als auch bei der Anzahl der SGZ (15800 Ratte, 23200 – 39100 Mensch) (Felix, 2002; Nadol, 1988).

Die menschliche Basilarmembran (28-40 mm) ist außerdem deutlich länger als die der Meerschweinchen (19-21 mm) und die Anzahl der Hörnervfasern liegt bei Meerschweinchen unter der des Menschen (24000 zu 31400) (Felix, 2002; Nadol, 1988; Stakhovskaya et al., 2007).

1.1.3 Zentraler physiologischer Hörvorgang

Die IHC in ihrer „Ruheposition“ entlassen ständig eine geringe Menge Neurotransmitter, die eine Spontanaktivität im Hörnerv und der aufsteigenden Hörbahn verursachen.

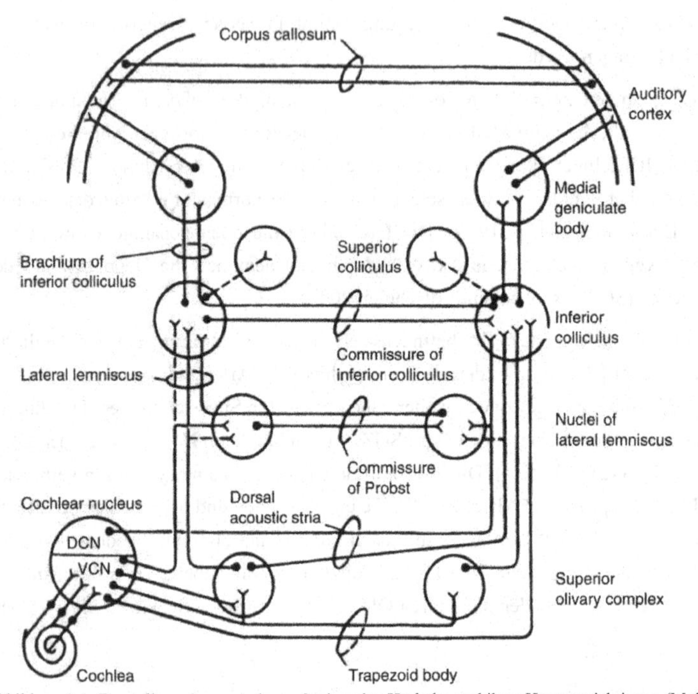

Abbildung 1-1: Darstellung der zentralen aufsteigenden Hörbahn und ihrer Hauptprojektionen (Møller, 2006).

Die klassische aufsteigende Hörbahn (siehe Abbildung 1-1) ist komplexer als die Pfade anderer sensorischer Systeme (Møller, 2006). Der Hörnerv verläuft vom cortischen Organ zum CN, wo jede Hörnervenfaser mit jedem der drei Hauptbereiche des CN verbunden ist. Vom CN kreuzen Fasern in drei Faserbündeln zur contralateralen Seite und sind dort verbunden mit dem zentralen Nucleus des *Colliculus Inferior* (ICC). Vom ICC projizieren die Fasern zum *Corpus geniculatum mediale* (MGB, Medial Geniculate Body; medialer Kniehöcker) und weiter zum auditorischen Cortex (AC). Dieser steht in Verbindung mit anderen Gebieten des Cortex. Interhemisphärische Verbindungen der Hörbahn bestehen an verschiedenen Stellen (CN, ICC, AC) (Knipper et al., 2013; Malmierca, 2004; Møller, 2006). Das ist ein bedeutender Aspekt für das Richtungshören.

1.1.3.1 Nucleus Cochlearis (CN)

Der Hörnerv endet im CN, der ersten Schaltstation der aufsteigenden Hörbahn. Der CN (siehe Abbildung 1-2) befindet sich im unteren Hirnstamm zwischen *Medulla Oblongata* und *Pons* und erhält Eingänge von der ipsilateralen Cochlea (siehe Abbildung 1-1). Er wird in drei Untereinheiten aufgeteilt: Der dorsale *Nucleus Cochlearis* (DCN), der posteriorventrale *Nucleus Cochlearis* (PVCN) und der anteriorventrale *Nucleus Cochlearis* (AVCN). Der Hörnerv gabelt sich vor dem CN. Ein Anteil (aufsteigender Ast; „ascending branch") führt zum AVCN, der andere Anteil (absteigender Ast; „descending branch") gabelt sich erneut und endet in PVCN und DCN (Newman et al., 2000). Jede Hörnervenfaser ist so mit allen drei Bereichen des CN verbunden (De No, 1933; Møller, 2006; Webster, 1992). Jeder Bereich erhält cochleotope Informationen von den IHC. Dadurch bleibt die Anordnung der Frequenzen in der Cochlea auch im CN erhalten, wobei sowohl im DCN und dem ventralen CN (VCN) die hohen Frequenzen dorsal und die tiefen Frequenzen ventral repräsentiert sind (Muniak und Ryugo, 2014; Noda und Pirsig, 1974; Ryugo und May, 1993; Ryugo und Parks, 2003).

Die drei Faserstränge des CN projizieren zum contralateralen *Colliculus Inferior* (IC) (Abbildung 1-1). Dabei handelt es sich um die aus dem DCN stammende dorsale „Stria of Monaco" (SM), die aus dem PVCN stammende intermediale „Stria of Held" (SH) und den aus dem AVCN stammenden ventralen Trapezkörper (TB). Diese drei Faserstränge bilden, nachdem sie auf die contralaterale Seite gewechselt sind, den lateralen Lemniscus (LL) und enden im ICC. Einige Fasern vom AVCN und PVCN kreuzen nicht auf die contralaterale Seite, sondern innervieren direkt den ipsilateralen ICC. Fasern vom PVCN erreichen den dorsalen Nucleus des LL, um von dort weiter zum ipsilateralen ICC zu ziehen. Außerdem ist der VCN mit dem „facial motor nucleus" als Teil des akustischen Mittelohrreflexes verbunden (Margolis, 1993). DCN (Mast, 1970; Nakamura et al., 2003) und VCN (Bledsoe et al., 2009) der beiden Hemisphären stehen miteinander in Verbindung. Es existieren auch Verbindungen, die vom DCN zu allen Untereinheiten des contralateralen CN führen (Brown et al., 2013). Diese Verbindungen zwischen den beiden CN stellen einen elementaren Aspekt für das Richtungshören dar. Eine direkte Verbindung zwischen dem DCN und dem medialen MGB (MGBm) existiert beim Meerschweinchen (Anderson et al., 2006). Sie wird allerdings in Abbildung 1-1 nicht dargestellt. Durch diese direkte Verbindung wird die Latenzzeit zwischen DCN und MGBm verkürzt. Das könnte eine Rolle bei der Vorbereitung auf eine schnelle Verarbeitung im Cortex bei einer akuten emotionalen Reaktion (wie Angst) spielen (Anderson et al., 2006).

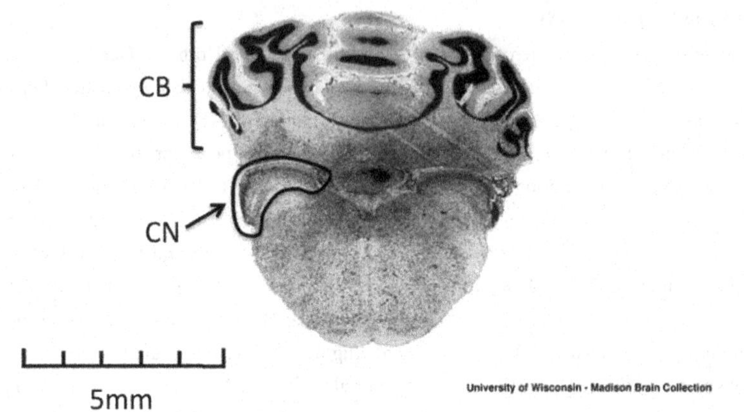

Abbildung 1-2: Hirnstamm eines Meerschweinchens mit *Nucleus Cochlearis* (CN) und *Cerebellum* (CB) (Welker, 2014a).

Der DCN ist in drei optisch gut trennbare Schichten aufgebaut (Kandel, 2013; Manis et al., 1994; Ryugo und Willard, 1985). Die Schichten werden von außen nach innen wie folgt benannt: Schicht 1 („Molecular Layer“), Schicht 2 („Intermediate Layer“) und Schicht 3 („Deep Layer“). Diese Schichten bestehen aus unterschiedlichen Zelltypen und weisen unterschiedliche Zelldichten auf. So hat Schicht 2 gegenüber den Schichten 1 und 3 eine hohe Zelldichte („granule Cells“) (Ryugo und Willard, 1985). Im DCN enden Hörnervfasern hauptsächlich in den Pyramidenzellen der Schicht 2 aber auch in Schicht 3 (Frisina und Walton, 2001; Kandel, 2013; Ryugo und Willard, 1985).

1.1.3.2 Superiorer Olivenkomplex (SOC)

Der SOC des Hirnstammes wird in zwei Kerne unterteilt: Den lateralen (LSO, Lateral Superior Olivary Complex) und den medialen Kern (MSO, Medial Superior Olivary Complex). Einige der Fasern der drei Striae (SM, SH und TB) verzweigen sich zu Nuclei des SOC, andere werden unterbrochen durch Synapsen eines der Nuclei des SOC, bevor sie den LL formen. Die Nuclei des SOC, besonders der MSO, erhalten einen Eingang von den CN beider Hemisphären, wobei die Tonotopie sowohl in LSO, MSO als auch im TB erhalten bleibt (Kandler et al., 2009). Diese Eingänge von beiden Cochleae sind essentiell für das Richtungshören mit interauralen Zeitdifferenzen (ITD, Interaural Time Difference) im MSO bzw. interauraler Intensitätsdifferenzen (ILD, Interaural Level Difference) im LSO.

1.1.3.3 Lateraler Lemniscus (LL)

Der LL ist der prominenteste Fasertrakt der aufsteigenden Hörbahn. Er wird von drei Striae gebildet, die von allen Untereinheiten des CN ausgehen. Die Fasern kreuzen auf die andere Hemisphäre und innervieren dort den ICC. Einige Fasern stammen auch von Zellen des SOC. Da die Fasern unterschiedliche Ursprünge haben, enthält der LL Neurone sowohl zweiter, dritter und möglicherweise auch vierter Ordnung. Die Axone zweiter Ordnung dominieren allerdings (Møller, 2006). Die Fasern des LL haben viele Seitenarme, von denen einige zu Neuronen des SOC, andere zu Neuronen des dorsalen (DNLL) und ventralen (VNLL) Nuclei des LL führen. Einige Fasern des LL werden im VNLL unterbrochen.

Fasern von den „octopus cells" des contralateralen PVCN kommend führen nicht wie die anderen direkt zum ICC. Sie enden stattdessen im VNLL. Der DNLL erhält Eingänge von beiden Ohren und ist daher am binauralen Hören beteiligt, während der VNLL hauptsächlich Eingang vom contralateralen Cochlea erhält. Einige Neurone, die von DNLL ausgehen, führen durch die „Commissure of Probst" und in den ipsilateralen ICC der anderen Hemisphäre (Møller, 2006).

1.1.3.4 Colliculus Inferior (IC)

Der IC liegt im Mittelhirn caudal vom *Colliculus superior* (siehe Abbildung 1-3 als Superior Colliculus). Es handelt sich hier um die Schaltstation im Mittelhirn, in der alle aufsteigenden Informationen zusammentreffen und weitergeleitet werden (siehe Abbildung 1-1). Der IC besteht aus dem zentralen Nucleus (ICC), dem externen oder lateralen Nucleus (ICX), sowie dem dorsalen Cortex (ICDC) (Møller, 2006). Der ICX und der ICDC gehören zur extralemniscalen Hörbahn und besitzen im Gegensatz zum ICC keine tonotope Organisation (Møller, 2006). Die Neurone weisen hingegen ein sehr breites Frequenztuning auf (Ehret und Romand, 1997).

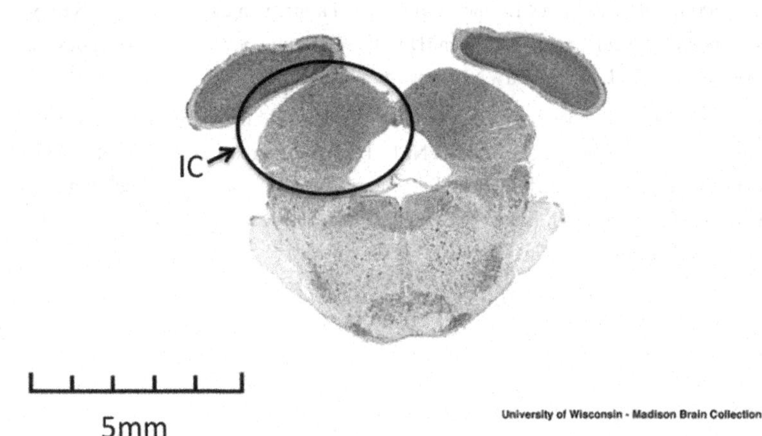

Abbildung 1-3: Mittelhirn mit Colliculus inferior (IC) des Meerschweinchens aus einem Hirnatlas (Welker, 2014b).

Der ICC erhält Eingänge vom LL. Alle Fasern des LL werden im ICC durch Neurone unterbrochen (Møller, 2006). Die ICC der beiden Hemisphären sind miteinander über die „commissure of the IC“ verbunden. Durch diese Verbindung wird das Richtungshören mittels ILD ermöglicht (Møller, 2006). Außerdem wurden im ICC „gating“- Neurone gefunden, deren Aktivierung lediglich in einem kurzen Zeitfenster nach Veränderung der Membraneigenschaften („feedforward-inhibition“) möglich ist. Dadurch ist es möglich, zeitlich relevante Information in akustischen Signalen (z.B. Koinzidenz in Formanten) zu detektieren (Basta und Vater, 2003).

Der IC erhält aufsteigende (afferente) Eingänge aus beiden Hemisphären, sowie absteigende (efferente) indirekte Eingänge vom AC (Knipper et al., 2013; Møller, 2006). Diese Informationen werden im IC verarbeitet, wodurch dem IC eine große Bedeutung als auditorische Schaltstelle zwischen Hirnstamm und Vorderhirn zukommt. Dabei nimmt die Komplexität der Verarbeitung auditorischer Informationen im IC zu.

1.1.3.5 Corpus Geniculatum Mediale (MGB)

Der MGB ist die thalamische Schaltstation der aufsteigenden Hörbahn (siehe Abbildung 1-4). Er wird in drei Bereiche unterteilt: ventraler MGB (MGBv), dorsaler MGB (MGBd) und MGBm, in denen zehn unterschiedliche Zelltypen vorkommen (Morest, 1964; Morest, 1965; Winer et al., 1999a). Der MGBv, der direkten Eingang vom ICC erhält, wird wiederum in zwei Abschnitte unterteilt: Den *pars lateralis* und den *pars ovoidea* (Winer et al., 1999a).

Im MGB werden alle Fasern des ICC auf dem Weg zum Cortex verschaltet. Das Brachium des IC (BIC) ist die Hauptafferenz aus dem ICC und endet in Neuronen des MGBv (siehe Abbildung 1-1). Im BIC sind etwa zehn Mal so viele Fasern vorhanden wie im Hörnerv. Das zeigt die stark divergente Verarbeitung der auditorischen Eingänge im IC an.

Der MGB erhält ebenfalls einen Eingang aus dem AC und der *pars-lateralis*-Anteil von der ipsilateralen Cochlea über den ICC. Der MGBv erhält zudem Eingang vom thalamischen *Nucleus reticularis*, der die Kontrolle der generellen Erregbarkeit der Neurone des MGB ausübt (Pinault, 2004; Webster et al., 1992).

Parallele Pfade zum BIC existieren ebenfalls und es konnte gezeigt werden, dass auch mit durchtrenntem BIC der AC aktiviert werden kann (Galambos et al., 1961).

Der MGBv gehört dabei zum lemniscalen, tonotop organisierten Pfad, wobei die tonotope Struktur vor allem bei der Katze gezeigt wurde (Imig und Morel, 1985). Die Neurone in diesem Bereich zeigen ein sehr schmales Frequenztuning. Dagegen antworten die Neurone im MGBm und MGBd, welche beide keine tonotope Organisation aufweisen, auf sehr viel breitere Frequenzbereiche. Auch die Latenzen der neuronalen Antworten, besonders im MGBd, sind erhöht (Aitkin, 1973; Calford, 1983). Der MGBm ist die thalamische Schaltstation der extralemniscalen auditorischen Bahn und erhält neben auditorischen auch weitere, multimodale Eingänge. Im MGB wird die auditorische Information sowohl afferent, als auch efferent moduliert und zum AC weitergeleitet. Im auditorischen System, auf der Ebene des Mittelhirns (IC) und des Thalamus (MGB), liegen exzitatorische (glutamaterge) und inhibitorische (GABAerge, GABA= γ-Aminobuttersäure) Eingänge vor, die es von anderen sensorischen Systemen unterscheidet (Smith und Spirou, 2002). Der MGBv erhält sowohl Eingänge der ipsilateralen Cochlea über den ICC, wie auch Eingänge von der contralateralen Seite. Es besteht keine direkte Verbindung zwischen den MGB der beiden Hemisphären. Eine Sensitivität des MGBm für beidseitige Stimuli wurde dennoch festgestellt (Aitkin, 1973; Webster et al., 1992).

Neben der Einteilung des MGB in drei Bereiche wurde eine alternative Unterteilung in fünf Bereiche von einer neueren Arbeit (Anderson et al., 2007) postuliert. Dabei werden MGBv und MGBm beibehalten, der MGBd in einen dorsolateralen MGB sowie einen suprageniculaten MGB aufgeteilt und die „Shell" (Hülle) neu hinzugefügt (Anderson et al., 2007). In der vorliegenden Arbeit wurde jedoch die erstgenannte Einteilung verwendet.

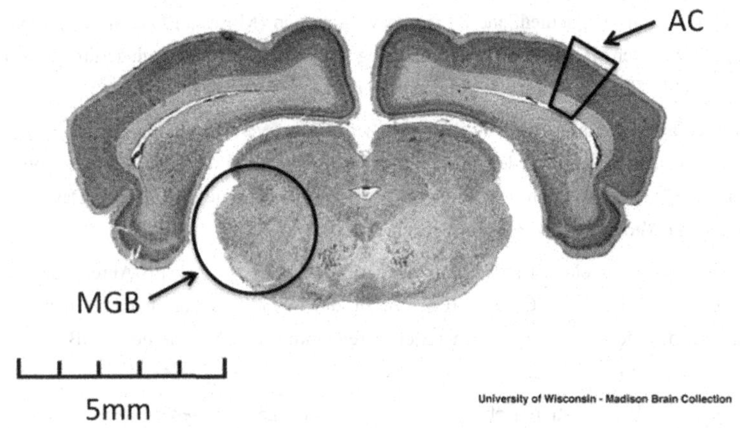

Abbildung 1-4: Thalamus mit Corpus geniculatum mediale (MGB) und auditorischem Cortex (AC) in jeweils einer der beiden Hemisphären (Welker, 2014c).

1.1.3.6 Auditorischer Cortex (AC)

Der AC (siehe Abbildung 1-4) ist eine Struktur, die eine komplexe neuronale Weiterverarbeitung von auditorischen Informationen ermöglicht (siehe Abbildung 1-1). Es wurden verschiedene Gebiete (im AC) identifiziert. Der AC liegt an der Oberfläche des Meerschweinchengehirns. Er besteht aus sechs Schichten, wobei Schicht 1 außen liegt (siehe Abbildung 2-10). Die sechs Schichten enthalten unterschiedliche Zelltypen und werden von unterschiedlichen Strukturen innerviert oder innervieren unterschiedliche Areale der Hörbahn. Die Schichten 3 und 4 des AC sind verbunden mit dem MGBv, die Schichten 1 und 6 mit dem MGBm (Winer et al., 1999b).

Im AC liegt eine tonotope Organisation in drei Feldern mit unterschiedlicher Ausrichtung der Frequenzen vor, die sowohl bei akustischer (Hellweg et al., 1977; Taniguchi et al., 1997) wie auch bei elektrischer Stimulation gezeigt wurde (Taniguchi et al., 1997).

Schicht 1 erhält hauptsächlich Verbindungen zu anderen lokalen Cortexarealen und dem Thalamus. Diese Schicht enthält nur wenige Zellkörper. Die Neurone der Schicht 2 erhalten Eingang von Schicht 1 und innervieren andere Schichten sowie Cortexareale der selben Hemisphäre. Die Neurone der Schicht 3 bilden die Hauptausgänge zu anderen Cortexarealen, projizieren außerdem zu Schicht 2 des ipsilateralen AC und stehen in Verbindung mit Schicht 4 des contralateralen AC (Code und Winer, 1985; Møller, 2006; Webster et al., 1992). Die Schicht 4 ist das Haupteingangsareal, in dem die Fasern aus dem MGBv an der „granular"-Schicht enden. Eine einzelne Faser aus dem MGBv kann hier mit bis zu 5000 Neuronen verbunden sein. Die Pyramidenzellen der Schicht 5 haben lange Axone, die mit subcorticalen Strukturen, wie dem MGB und dem IC, verbunden sind (Møller, 2006). Neurone der Schicht 6 erhalten Eingang von anderen Schichten. Sie projizieren zurück zum MGB und einigen weiter peripher liegenden Kernen der aufsteigenden Hörbahn.

Die Haupteingangsschicht des AC ist Schicht 4, die einen Eingang von MGBv erhält. Hauptausgangsschicht sind die Schichten 4 und 5, deren Neurone mit MGB und IC verbunden sind. Die AC beider Hemisphären (Schicht 3) sind über einen prominenten Fasertrakt („interhemispheric auditory pathway") im Corpus Callosum, verbunden (Code und Winer, 1985; Steinmann et al., 2014; Webster et al., 1992; Winer et al., 1999b).

Das anteriore auditorische Feld (AAF, Anterior Auditory Field) erhält Eingang vom MGBm. Der primäre auditorische Cortex (AI) und das posteriore auditorische Feld (PAF, Posterior Auditory Field) erhalten einen Eingang vom MGBv (Møller, 2006). Während die Neurone im AI ausschließlich auf Geräusche reagieren, gibt es in den anderen auditorischen Cortices (sekundärer auditorischer Cortex, AII; PAF und AAF) auch Neurone, die auf andere somatosensorische oder visuelle Sinneseindrücke reagieren. Das bedeutet, dass diese Neurone Eingang von anderen sensorischen Bahnen erhalten. Der AI und der AII nehmen jedoch lediglich einen kleinen Teil des Neocortex ein. Der größte Teil besteht aus dem „association cortex". Er erhält Eingänge von verschiedenen Sinnessystemen in verschiedenen Teilen des ZNS (Møller, 2006).

1.2 Pathologien des Hörvorganges

Hören kann als Prozess in mehrere Teilfunktionen aufgeteilt werden. Jede dieser Teilfunktionen kann, wenn eine Funktionsstörung vorliegt, als Ursache für eine Hörstörung infrage kommen.

Dabei ist eine Hörstörung keine Diagnose, sondern lediglich die Beschreibung einer Fähigkeitsstörung (Ptok, 2009).

1.2.1 Hörverlust durch Lärm und Krankheit

Weltweit sind über 10 % der Menschen von einem Hörverlust betroffen. Zusätzlich zu einem Hörverlust infolge physiologischer Alterung, spielen dabei besonders in den Entwicklungsländern Krankheiten wie Masern, Röteln und Meningitis als Ursache eine bedeutende Rolle (Stevens et al., 2013). In den industrialisierten Ländern ist der lärminduzierte Hörverlust (NIHL; Noise Induced Hearing Loss) von größerer Bedeutung als die oben genannten Krankheiten. NIHL wird durch wiederholte Lärmexposition verursacht (Flamme et al., 2009; Phillips und Mace, 2008). Dabei sind nicht alle lärmexponierten Menschen gleichermaßen von NIHL betroffen (Henderson et al., 1993; Lu et al., 2005). Einige sind empfänglicher als andere. Dafür gibt es mehrere genetische Ursachen: Veränderungen an Calciumkanälen, an Haarsinneszellen oder an Heatshock Protein 70 (HSP 70), das für die Faltung neu synthetisierter Proteine verantwortlich ist (Konings et al., 2007; Liberman und Dodds, 1984; Śliwińska-Kowalska et al., 2006; Sliwinska-Kowalska et al., 2008; Van Laer et al., 2006; Yang et al., 2006) .

1.2.2 Formen von Hörstörungen

Eine Schädigung des Gehörs kann unterschiedliche Ursachen haben. Diese können grob in vier Formen von Störungen unterteilt werden: Schallleitungsstörungen, Schallempfindungsstörungen, neurale Schwerhörigkeit und zentrale Hörstörungen. Für jede dieser Kategorien liegt außerdem eine Vielzahl von unterschiedlichen Schweregraden vor, wobei nicht für alle eine Behandlung empfohlen wird.

Die häufig auftretenden Schallleitungsstörungen haben immer eine mechanische Ursache, die den Schalltransport vom Trommelfell über das Mittelohr und das ovale Fenster auf Peri- und Endolymphe stören (Ptok, 2009). Häufigste Ursache ist hier eine chronische Entzündung des Mittelohres.

Bei allen Schallempfindungsstörungen wird am cortischen Organ die Umwandlung der mechanischen Energie des Schalls in ein Nervenpotential gestört. Häufige Ursache ist hier eine Schädigung der OHC z.B. durch Medikamente (Aminoglykoside, Zytostatika, Schleifendiuretika, Salizylate, Chinin) sowie bakterielle und virale Infektion (Zahnert, 2011). Von einer geringen Überstimulation der Cochlea können sich die Haarsinneszellen wieder erholen. Grund dafür ist die kontinuierliche Neubildung der reversibel geschädigten Stereozilienbündel (Schneider et al., 2002). Die Funktion der OHC kann durch Messung der otoakustischen Emissionen DPOAE (Distortion Product Otoacustic Emissions; Distorsionsprodukt otoakustischer Emissionen) untersucht werden (Janssen et al., 2006).

Bei einer neuralen Schwerhörigkeit ist der Hörnerv die Ursache für die Schwerhörigkeit. Wobei hauptsächlich Tumore den Hörnerv schädigen (Zahnert, 2011). Mit der Messung von evozierten „Compound Action Potential" (CAP; zusammengesetztes Aktionspotential) (Nozawa et al., 1996) kann dabei die Funktion der SGZ, deren Axone den Hörnerv bilden, überprüft und eine neurale Schwerhörigkeit erkannt werden.

Bei zentralen Hörstörungen handelt es sich um auditive Verarbeitungs- und Wahrnehmungsstörungen, die auf der Fehlfunktion im Bereich der Afferenzen und Efferenzen der Hörbahn beruhen (Ptok, 2009; Zahnert, 2011).

1.3 Behandlung bei Schädigungen des Gehörs

Zu den im vorigen Abschnitt besprochenen Ursachen für die Schädigung des Gehörs gibt es heutzutage einige vielversprechende Behandlungen. Zusätzlich zu der besprochenen Form der Schwerhörigkeit ist es entscheidend, den Schweregrad zu bestimmen, um eine adäquate Therapie zu finden. Ein Unterscheidungskriterium ist dabei die Hörfähigkeit bzw. der Hörverlust, der anhand eines Hörtest bestimmt werden kann. Dabei wird die reine Hörschwelle für unterschiedliche Frequenzen bestimmt. Man unterscheidet zwischen mehreren Schweregraden, z.B. eine geringgradige Schwerhörigkeit (26-40 dB Hörverlust), die ebenso wie eine mittelgradige Schwerhörigkeit häufig mit einem konventionellen Hörgerät therapiert werden kann. Liegt eine Schallleitungsschwerhörigkeit vor, kann eine operative Versorgung mit passiven oder aktiven Mittelohrimplantaten nötig sein (Schwab et al., 2014). Bei einer hochgradigen Schwerhörigkeit (über 61 dB Hörverlust) ist ein hochverstärkendes konventionelles Hörgerät oder ein Implantat zu empfehlen, das Druckveränderungen direkt auf die Lymphe in der Cochlea übertragen kann. Ein CI kann infrage kommen, wenn im Hochtonbereich eine an Taubheit grenzende Schwerhörigkeit vorliegt. Ist der Hörverlust größer als 80 dB, so ist lediglich ein Resthören und keinerlei Sprachverständnis mehr vorhanden. In der Regel ist dann eine Indikation für ein CI gegeben. Eine Empfehlung für ein CI wird heute meist nicht mehr ausschließlich anhand der reinen Hörschwelle ausgesprochen, sondern nach einem zusätzlichen Test zum Sprachverständnis. Nicht jeder Patient mit hinreichender Schwerhörigkeit ist für ein CI geeignet. Ausschlusskriterium für ein CI sind neurale und zentrale Hörstörungen. Es wird daher fast ausschließlich bei Patienten eingesetzt, bei denen eine rein cochleäre hochgradige Schwerhörigkeit bei funktionsfähigem Hörnerv vorliegt (Battmer, 2009).

Ohne eine Behandlung des tauben Ohres z.B. durch Elektrostimulation, wie in der Kontrollgruppe gezeigt wird, kann die Läsion einer Cochlea zu einem Haarzellverlust mit sensorischem Hörverlust (SNHL, Sensorineural Hearing Loss) führen. Darauf folgt die Degeneration von SGZ sowie eine Reduktion der Hörnerv-Versorgung mit anschließender Degeneration des Hörnervs (Shepherd et al., 2004). Die Folge einer solchen Hörnerv-Degeneration kann eine Schädigung des CN sein. Diese Schädigung wiederum führt in den folgenden zwölf Monaten zu einer Degeneration höherer Gebiete der Hörbahn wie dem IC (Clark et al., 1988; Miller et al., 1980).

1.3.1 Das Cochlea Implantat

Das CI stellt die Hörfunktion wieder her, indem es durch Elektrostimulation der Zellkörper von Hörnervenfasern (SGZ) in der Cochlea eine Antwort im Hörnerv auslöst (Heffer et al., 2010). Damit kann trotz hochgradiger cochleärer Schwerhörigkeit bei funktionsfähigem Hörnerv die Stimulation der Haarsinneszellen umgangen und so Hören ermöglicht werden.

1.3.1.1 Funktionsweise des CI

Die Implantation eines CI beinhaltet die Implantation eines Elektrodenarrays (Abbildung 1-5, Nr. 1) direkt in die Cochlea des Patienten und eines Decoders (Abbildung 1-5, Nr. 2) unter die Haut (beim Menschen hinter dem Ohr). Die Elektroden werden durch einen Soundprozessor (Sprachprozessor) (Abbildung 1-5, Nr. 3) kontrolliert, der wie ein Hörgerät verbunden mit einer Batterie (Abbildung 1-5, Nr. 5) außerhalb des Körpers (z.B. hinter dem Ohr) getragen wird. Das Mikrofon wandelt Geräusche wie Sprache in elektrische Signale um und leitet sie an den Soundprozessor weiter, wo sie verarbeitet werden. Der Soundprozessor verarbeitet die aufgenommenen Signale und wandelt das originale Signal mit Bandpassfiltern in einzelne Frequenzbänder und Pulsmuster um, wobei die Anzahl zwischen den Modellen variieren kann. Auf jede der Stimulationselektroden wird mittels eines Transmitters (Abbildung 1-5, Nr. 4) ein individuelles Pulsmuster und ein individuelles Frequenzband der vom Mikrofon aufgenommenen Signale durch die Kopfhaut an den unter der Haut liegenden CI-Decoder gesendet (Abbildung 1-5, Nr. 2), wo sie decodiert und als Elektrostimulation an die einzelnen Elektroden des Elektrodenarray weitergeleitet werden. Die Stimulationselektroden des Elektrodenarray liegen hintereinander und stimulieren so an unterschiedlichen Stellen der Cochlea die tonotop organisierten und den Hörnerv bildenden SGZ mit individuellen Signalen, die sich im Frequenzband von den Nachbarelektroden unterscheiden. Die SGZ werden gereizt und ein Höreindruck entsteht durch direkte elektrische Stimulation. Frequenzunterschiede des empfundenen Geräuschs (des CI-Trägers) im Vergleich zu dem akustischen Hören sind abhängig von der Lage der Elektrode und damit von den stimulierten SGZ bzw. Hörnervenfasern. Durch die große Anzahl an Stimulationselektroden liefern die aktuellen Modelle ein viel komplexeres Signal und lassen ein besseres Sprachverstehen zu als frühere Modelle mit wenigen Kanälen. Wobei nicht alle Patienten gleichermaßen davon profitieren (Frijns et al., 2003).

Sechs Wochen nach der Implantation wird der Soundprozessor individuell, anhand von Messungen mit Programmen der Herstellerfirma, eingestellt (siehe Abbildung 2-2). Die niedrigste mögliche Stimulationsrate der hier verwendeten Cochlea-Implantate beträgt 275 Stimulationsimpulsen pro Sekunde pro Kanal (pps/ch; pulses per second per channel). Die maximal mögliche Stimulationsrate beträgt 5156 pps/ch. Zurzeit wird bei Patienten häufig eine mittlere Frequenz (1000-1500 pps/ch) verwendet.

Auch der Dynamikumfang, der Abstand zwischen der minimalen Lautstärke zu der Lautstärke, bei der eine Sättigung eintritt, muss angepasst werden. Der Eingangsdynamikbereich (IDR, Input Dynamic Range) ist beim elektrischen Hören kleiner als beim akustischen (100 dB SPL) und wurde für diese Versuche auf den Standard IDR von 60 dB SPL eingestellt (Spahr et al., 2007) (siehe Abbildung 2-2).

Viele Patienten sind mit ihren Implantaten in der Lage Telefongespräche zu führen. Diese Fähigkeit wird allerdings nicht von allen Patienten erlangt. Sie sind sehr stark von der langen Rehabilitation abhängig, in der die Patienten den Umgang mit dem neuen Gerät und den neuen Höreindrücken erlernen müssen.

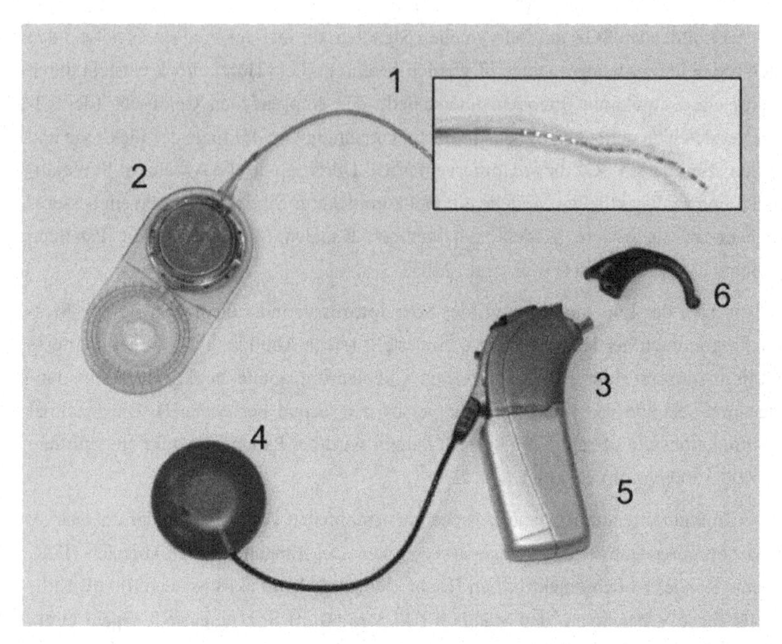

Abbildung 1-5: Bestandteile eines Cochlea Implantats: 1. Implantat mit zweifach vergrößertem Elektrodenarray; 2. Decoder; 3. Soundprozessor mit Mikrofon; 4. Transmitter; 5. Batterie; 6. Adapter zur Konnektivitätsprüfung.

1.3.1.2 Studien zum CI

Wie bereits erwähnt zeigen einseitig taube Menschen ein schlechteres Sprachverständnis und infolge dessen eine geringere Intelligenz als ihre normal hörenden Geschwister (Fischer und Lieu, 2014; Lieu et al., 2010). Die Verwendung eines CI zur Behandlung einer einseitigen Taubheit führt dagegen zu einer Verbesserung des Sprachverstehens und des Richtungshörens (Hassepass et al., 2013; Távora-Vieira et al., 2014). Die Behandlung kann daher als bedeutend und sinnvoll angesehen werden, um z.B. Kindern, die früher ihr Leben lang taub bleiben mussten, zu helfen, ihr Sprachverständnis zu verbessern (Kim et al., 2010).

Die Cochlea-Implantate wurden sorgfältig auf ihre Bio-Kompatibilität hin untersucht. Es wurde dabei keine Korrosion der Platin-Elektroden nach zehntausend Stunden Elektrostimulation beobachtet (Clark et al., 1988). Und es konnte gezeigt werden, dass Patienten (hier einseitig schwerhörige) von beidseitigem CI aber auch von einem CI auf einer beliebigen Seite profitierten, in Form einer Verbesserung des Sprachverstehens und des Richtungshörens (Boisvert et al., 2012; Hassepass et al., 2013; Vollmer et al., 2010). Das gleiche gilt auch für die einseitige CI-Versorgung wenn contralateral eine Versorgung mit einem Hörgerät vorliegt (Ching et al., 2004). Auch Kinder, die ohne CI ein schlechteres Sprachverständnis und eine geringere Intelligenz als ihre normal hörenden Geschwister zeigen, profitierten (Fischer und Lieu, 2014; Lieu et al., 2010).

Mit einer Behandlung sollte nicht zu lange gewartet werden, denn es wurde gezeigt, dass eine längere Dauer der Taubheit vor der CI-Implantation sich stark negativ auf das Sprachverstehen nach der Implantation und auf die elektrisch ausgelöste Hirnstammaudiometrie (eBERA, electrical Brainstem Evoked Response Audiometry) auswirkt (Blamey et al., 1996; Blamey et al., 2013). Sie führt auch zu einer signifikant niedrigeren Zelldichte im CN im Vergleich zur identisch behandelten elektrostimulierten Versuchsgruppe (Lustig et al., 1994). Auch das absolute Alter der Patienten bei der Implantation wirkt sich auf den Erfolg aus. Ein höheres Alter bei der Implantation hat auf die Hörleistung einen leicht negativen Effekt, der ab einem Alter von 70 Jahren signifikant ansteigt (Blamey et al., 2013). Die Zeitspanne, die der Patient bereits mit einem CI versorgt ist, wirkt sich dagegen positiv auf die Hörleistung aus, die in den ersten drei Jahren nach der Implantation weiter ansteigt (Blamey et al., 2013). Die Ursache der Ertaubung wirkt sich dagegen kaum auf die Hörleistung mit einem CI aus. Man nimmt an, dass dieses Phänomen durch die sensorische Deprivation des Gehirns verursacht wird, die von der Ursache der Ertaubung unabhängig ist (Blamey et al., 2013).

Trotz signifikanter Unterschiede der Cochlea und des Hörnervs bei Mensch und Tier (Felix, 2002; Nadol, 1988) kommt es bei beiden zu einer identischen neuronalen Degeneration nach einer Schädigung der Cochlea.

1.4 Studien zur Elektrostimulation mit unterschiedlicher Intensität und unterschiedlicher Stimulationsrate

Zahlreiche Aspekte einer Elektrostimulation des Hörnervs wurden bereits untersucht. Zu nennen sind die Stimulationsrate, die Pulsdauer, die Stimulationsintensität und ihre Auswirkungen auf das Hörvermögen der hörenden Seite sowie auf die SGZ und die Zellen der aufsteigenden Hörbahn.

Die meisten CI präsentieren einen biphasischen Impuls über in der Cochlea liegende Elektroden mit Stimulationsraten von 250 bis >1000 pps/ch. Die Elektroden werden dabei meistens nicht simultan stimuliert, um Wechselwirkungen zu verhindern (Heffer et al., 2010). In der Studie von Heffer et al. (Heffer et al., 2010) wurden dieselben Tiere mit unterschiedlichen Stimulationsraten von 200, 1000, 2000 und 5000 pps/ch sowie unterschiedlichen Intensitäten von 200-800 μA stimuliert. Die Antworten des Hörnervs auf hohe Stimulationsraten zeigten eine niedrigere Schwelle, einen erhöhten Dynamikbereich und eine reduzierte Latenzzeit des ersten Aktionspotentials (Heffer et al., 2010; Sly et al., 2007). Es ist wahrscheinlich, dass diese Unterschiede wenigstens zum Teil von der Überlagerung der Stimulusimpulse auf der Membran des Hörnervs verursacht werden (Heffer et al., 2010).

Es kommt nach dem Ertauben zu einem Verlust an SGZ (zwischen 50 % und 71 % je nach Studie) drei Wochen nach Komplettverlust der Haarsinneszellen (Dodson und Mohuiddin, 2000; Li et al., 1999; Sly et al., 2007). Die Überlebensrate der SGZ konnte durch einseitige Elektrostimulation beim beidseitig tauben Tier gesteigert werden (Lousteau, 1987).

Eine Implantation ohne Stimulation führte in der Studie von Mitchell et al. (Mitchell et al., 1997) weiterhin zu einem Zellverlust, wohingegen alle einseitig elektrostimulierten Versuchsgruppen keinen SGZ Zellverlust gegenüber der nicht elektrisch stimulierten Seite zeigten. Elektrostimulationen mittels Ballelektrode mit 250, 1000 und 2750 pps/ch zeigten keine signifikanten Unterschiede auf das Überleben der SGZ. Es kommt somit zu einer Konservierung der Spiralganglienzelldichte, wobei mit Intensitäten von unter 100 μA eine geringere Konservierung erzielt wird als mit über 200 μA (Mitchell et al., 1997).

Im Bereich der direkten Elektrostimulation mit einer Ballelektrode in der basalen Cochlea wurde ein Grad der Konservierung erreicht, der apikal erst bei der höchsten Stimulationsrate mit der höchsten Stimulusintensität auftritt (Mitchell et al., 1997). Ein Effekt, der auf der „direkten" Elektrostimulation mit der Ballelektrode im basalen Bereich beruht.

Die Lautstärke ist physiologisch (bei akustischem Hören) als Anzahl der aktiven Nervenfasern und deren Feuerrate kodiert. Die maximale physiologische Feuerrate beim Meerschweinchen beträgt phasenkorreliert 600 Hz. Bis 3,5 kHz sind noch phasenkorrelierte Aktionspotentiale messbar (Palmer und Russell, 1986), wobei über 600 Hz einzelne Fasern nicht mehr auf jeden Reiz antworten. Eine Elektrostimulation mit höherer Intensität führte bei allen untersuchten Stimulationsraten (200-5000 pps/ch) zu einer erhöhten Antwortrate der einzelnen untersuchten Hörnervfasern (Heffer et al., 2010). Damit entspricht die Wirkung einer erhöhten Stimulationsintensität bei der Elektrostimulation der einer erhöhten Lautstärke des akustischen Hörens.

Die Lautstärke mit CI wird ebenfalls über die Anzahl der aktiven Nervenfasern codiert. Die Feuerrate wird aber vom CI auf ein bestimmtes Level festgelegt: Die sogenannte Stimulationsrate. Dabei sind bei dem in der vorliegenden Arbeit verwendeten CI-Modell maximal 5156 pps/ch an jeder der 16 Stimulationselektroden möglich. Einige Patienten profitierten in einer Studie von Frijns et al. (Frijns et al., 2003) von einer Elektrostimulation mit einer hohen Anzahl an Stimulationselektroden in Form eines verbesserten Sprachverstehens.

Für hohe Stimulationsraten wurde ein verbessertes Sprachverständnis gegenüber einer Verwendung von niedrigen Stimulationsraten in einem Modell vorhergesagt, (Rubinstein et al., 1999) dies wurde aber später nicht durchgehend belegt. So wurde eine Verbesserung bei der Erhöhung von 200 auf 400 pps/ch gezeigt, eine weitere Erhöhung zeigte keine großen Veränderungen (Friesen et al., 2005). Die Studie von Frijns et al. dagegen zeigte eine Verbesserung des Sprachverstehens bei einer Erhöhung der Stimulationsrate von 800 auf über 1400 pps/ch (Frijns et al., 2003) und die Studie von Buechner et al. (Buechner et al., 2010) Verbesserungen bei der Verwendung von Stimulationsraten über 2500 pps/ch (2500, 3000 und 5000 pps/ch) gegenüber niedrigeren Raten (800 bzw. 1500 pps/ch). Eine weitere Möglichkeit zur Verbesserung ist die Verwendung von Filtern und unterschiedlichen nichtüberlappenden Stimuli auf die CI-Elektroden (Wilson et al., 1991).

Bei Raten von 1 und 2 kHz ist die „elektrische Synchronität“ der Nervenfaser geringer als die akustische (Dynes und Delgutte, 1992). Einzelne Fasern zeigen auch bei 17000 Hz noch eine Phasenkorrelation aber die mittlere Korrelation nimmt ab 300-1000 Hz stark ab. Wobei die einzelne Faser nicht bei jedem Stimulus reagiert, es werden bei 5000 pps/ch durchaus 20 oder 30 Impulse ausgelassen bis wieder eine phasenkorrelierte Antwort registriert wird (Dynes und Delgutte, 1992).

Chronische einseitige intracochleäre Elektrostimulation, wie sie in den Versuchen der vorliegenden Arbeit verwendet wurde, führte in einseitig tauben Versuchstieren zu bilateralen Veränderungen der elektrophysiologischen Eigenschaften der Zellen der zentralen Hörbahn (Basta et al., 2015). Alle dort untersuchten Strukturen erhielten einen bilateralen afferenten Eingang wie auch in einer anderen Studie gezeigt wurde. Dort wurde durch die Aktivierung der DCN beider Hemisphären durch eine einseitige Elektrostimulation bestätigt, dass bilaterale Verbindungen zwischen den CN vorliegen (Nakamura et al., 2003). Bilaterale Effekte nach einseitiger Stimulation wurden auch für den IC gezeigt (McAlpine et al., 1997).

1.5 Versuchsziele und zentrale Fragestellung der eigenen Untersuchungen

1.5.1 Versuchsziele

Ziel der Untersuchung war es herauszufinden, welche akuten Auswirkungen die simultane einseitige akustische und einseitige elektrische Stimulation auf die Reizverarbeitung in der aufsteigenden Hörbahn beider Hemisphären hat.

Die Tatsache, dass lediglich eine einseitige Elektrostimulation durchgeführt wurde, wobei die Versuchstiere auf dem anderen Ohr normalhörend waren, ist von großem Interesse im Hinblick auf die mögliche Interaktion mit den Signalen des intakten Ohres.

Von großem Interesse sind dabei die möglichen beidseitigen Schädigungen, die durch die einseitige Elektrostimulation hervorgerufen werden könnten. Von Interesse sind die langfristigen Einflüsse der Elektrostimulation auf die Zelldichte in der Hörbahn der normalhörenden und der implantierten Seite und der damit möglicherweise verbundenen Hörleistung (z.B. Diskriminierungsvermögen speziell im Störgeräusch) nach der Implantation bzw. Elektrostimulation.

Die chronische intracochleäre Elektrostimulation durch ein CI wurde mit drei unterschiedlichen Stimulationsraten durchgeführt: Der minimal möglichen (275 pps/ch; LSR, Low Stimulation Rate; niedrige Stimulationsrate), der maximal möglichen (5156 pps/ch; HSR, High Stimulation Rate; hohe Stimulationsrate) und einer mittleren Stimulationsrate (1513 pps/ch; MSR, Medium Stimulation Rate; mittlere Stimulationsrate). Außerdem erfolgte die Elektrostimulation mit für jedes Tier individuell festgelegten Stimulationsintensitäten (Clinical Unit, CU, ein Maß für die Intensität der elektrischen Stimulation mit dem CI; siehe auch Kapitel 0) und dadurch im Mittel auch zwischen den Versuchsgruppen signifikant unterschiedlichen Stimulationsintensitäten. Diese Arbeit untersucht mögliche Einflüsse der drei unterschiedlichen Stimulationsraten und Stimulationsintensitäten auf das Hörvermögen des normalhörenden Ohres sowie auf die Zelldichten in mehreren Kerngebieten (CN, IC, MGB und AC) der aufsteigenden Hörbahn. Diese Untersuchung soll Anhaltspunkte liefern, welche Stimulationsraten und Stimulationsintensitäten verwendet werden können, um das Hörvermögen der normalhörenden Seite zu unterstützen ohne diese der Gefahr einer weiteren Schädigung auszusetzen.

1.5.2 Zentrale Fragen

Welchen Einfluss hat die einseitige Elektrostimulation auf das Hörvermögen und auf die Zelldichten beider Seiten der Hörbahn?

Welche Bedeutung hat eine simultane einseitige akustische und elektrische Stimulation bei einer einseitigen Taubheit?

Welche Effekte werden dabei von unterschiedlich hohen Stimulationsraten und Stimulationsintensitäten verursacht?

2 Material und Methoden

2.1 Versuchstiere

Für die Versuche der folgenden Arbeit wurden adulte Meerschweinchen beiden Geschlechts des Stammes Dunkin Hartley verwendet. Die Tiere stammen aus der institutseigenen Zucht, sowie von einem externen Züchter (Bezugsquelle des Zuchtstammes, Harlan Laboratories, Roßdorf, Germany). Der verwendete Stamm ist in der Hörforschung etabliert. Er wurde bereits in vielen auditorischen Studien eingesetzt (Agterberg et al., 2009; Sly et al., 2007), was auch von Harlan angegeben wird. Die Versuchstiere weisen keine pathologischen Anomalien der Hörorgane oder Auffälligkeiten in Verhaltenstests auf. Das Gewicht liegt zum Implantationszeitpunkt bei mindestens 700 g. Die Tiere sind zu dem Zeitpunkt mindestens zehn Wochen alt (laut Harlan Laboratories, Roßdorf, Germany). Die Tiere wurden vor und während der Behandlung, durch einseitige Elektrostimulation mittels CI in Gruppen in großen Käfigen untergebracht, um eine tiergerechte Haltung zu gewährleisten. Der Raum wurde klimatisiert (23° C) und mittels künstlicher Beleuchtung eine 12 stündige Tag- Nachtphase simuliert. Die Versorgung der Tiere mit Futter und Wasser erfolgte *ad libitum*. Die Tierställe lagen auf dem Gelände der Humboldt Universität zu Berlin sowie im FEM (Forschungseinrichtungen für experimentelle Medizin) des Virchow Klinikum der Charité Berlin.

Das mittlere Alter der Versuchstiere unterschied sich zwischen den Versuchsgruppen. Das mittlere Alter der Versuchsgruppen lag beim finalen Versuch bei: LSR (17-18 Monate, n=3; 27-30 Monate, n=3), MSR (10 Monate) und HSR (14 Monate) (siehe auch 4.1).

2.2 Cochlea Implantat und Operation

Für die einseitige Implantation eines CI wurden Meerschweinchen mit einem Gewicht von mindestens 700 g verwendet.

Für die Implantat-Operation wurden die Tiere mit einer intramuskulären Ketamin/Rompun-Injektion narkotisiert (Ketamin: 100 mg/Kg Körpergewicht; Ketanest. Pfizer Deutschland GmbH, Berlin; Rompun: 8 mg/Kg Körpergewicht, Bayer Health Care AG, Leverkusen, Germany) und mit einem Schmerzmittel (Carprofen, 0,08 ml/KG) versorgt.

Ein Hautschnitt wurde hinter dem linken Ohr des Meerschweinchens durchgeführt. Der Schädelknochen wurde freigelegt und ein Loch mit 2 mm Durchmesser am Felsenbein in die Bulla gebohrt. Das Mittelohr wurde eröffnet und dadurch ein Zugang zur Cochlea, die sich medial im Mittelohr befindet, geschaffen. Die Elektrode wurde durch das runde Fenster in die Cochlea geschoben. Dabei wurde die Rundfenstermembran zerstört. Ein zweites Loch im Schädelknochen diente dabei als Führung der Elektrode durch den Schädelknochen. Das eingeführte Elektrodenarray (HiFocus1j Electrode Array, Advanced Bionics LLC, Valencia, USA) lag mit den ersten vier bis fünf Elektroden (siehe Abbildung 1-5) in allen Scalen, da das Corti-Organ bei der Insertion durch die Elektrodendicke zerstört und zusammengeschoben wurde, wodurch eine Taubheit insbesondere im hochfrequenten Bereich auftrat. Das Elektrodenarray ist leicht vorgeformt (siehe Abbildung 1-5) mit 16 unabhängig stimulierbaren Elektroden, von denen die vier bis fünf in der Cochlea liegenden zur Elektrostimulation genutzt werden können. Ein kleines Stück Muskel wurde zunächst über das Runde Fenster gelegt, um den Zugang zur Cochlea zu verschließen und das Infektionsrisiko zu minimieren. Anschließend wurde die Cochleostomie mit Cyanacrylat Klebstoff (Rothi Coll 1 von Carl Roth, Karlsruhe, Germany) verschlossen und die Elektrode am Knochen befestigt. Das Kabel, das von dem CI zum Elektrodenarray führte, wurde zur Zugentlastung außerhalb des Schädels mit der vorhandenen Muskulatur vernäht. Gleichzeitig wurde dadurch die Ringelektrode des Implantats in den Muskel eingebettet, um einen möglichst guten Gewebekontakt und damit einen geringen Widerstand für die Messungen zu erreichen. Der integrierte Magnet des CI wurde entfernt, sodass eine Untersuchung mit Magnet Resonanz Tomographie (MRT) ohne erneuten Eingriff ermöglicht wurde. Mit einem chirurgischen Nadelhalter wurde dann ein ausreichend großer Hautbereich im Nacken von dem darunter liegenden Muskel getrennt um eine Tasche zu schaffen, in die das CI eingenäht werden konnte. Die Haut des Tieres wurde wieder verschlossen und das Tier postoperativ mit einem Antibiotikum (Chlormycetin, 1,6 ml/Kg) versorgt. Chlormycetin wurde weitere vier Tage zweimal täglich verabreicht (0,8 ml/KG). 24 Stunden nach der Operation wurden die Tiere erneut mit einer identischen Dosis Carprofen (0,08 ml/KG) versorgt.

Für diese Untersuchung wurden Cochlea-Implantate des Modells HiRes 90k® mit „HiFocus 1j Electrode Array" (Advanced Bionics LLC, Valencia, USA) verwendet. 90k steht hier für die Fähigkeit des Implantats, eine hohe Anzahl von Informationsupdates (83000) vom Soundprozessor an die 16 individuell stimulierbaren Elektroden des Implantats zu übermitteln.

2.2.1 Einstellung der Cochlea Implantate

Alle Versuchsgruppen waren präoperativ normalhörend und wurden auf einer Seite durch die Insertion einer humanen CI-Elektrode in die *Scala Tympani*, *Media* und *Vestibuli* (aufgrund des Elektrodendurchmessers) mechanisch ertaubt.

Abbildung 2-1: Zeigt links vier der fünf Messungen mit unterschiedlicher Stimulationsintensität mit Markierungen an Minima und Maxima. Die rechte Abbildung zeigt die Berechnung des t-NRI-Wertes (threshold Neural Response Imaging) den aus den Maxima der Einzelmessungen mit RSPOM (Advanced Bionics LLC, Valencia, USA).

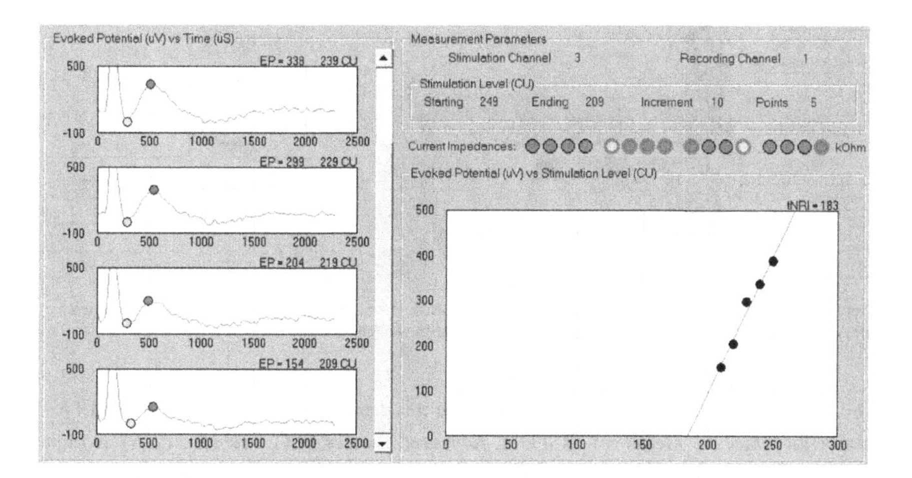

Während der Operation wurden mit dem Programm Soundwave (Version 1.1, Advanced Bionics LLC, Valencia, USA) Widerstandsmessungen der einzelnen Stimulationselektroden gegen die im Muskel liegende Ringelektrode durchgeführt, um eine optimale Positionierung der Elektrode zu gewährleisten. Außerdem wurden Hörnervantworten abgeleitet, um eine Stimulierung der SGZ zu validieren. Die endgültigen Einstellungen des CI und der Elektrostimulation wurden sechs Wochen nach der CI-Implantation durchgeführt. Es handelt sich hier um einen bewusst eingehaltenen Abstand zur OP. Dieser zeitliche Abstand zwischen Ertaubung und Beginn der Elektrostimulation dient neben dem Abwarten der Wundheilung auch der besseren Vergleichbarkeit mit einer Elektrostimulation die bei Taubheit durchgeführt wird, inklusive den damit verbundenen degenerativen Prozessen. Kurz nach der CI-Operation kommt es beim Menschen zu starken Veränderungen der t-NRI-Werte (threshold of the Neuronal Response Imaging; Schwelle der neuralen Antwort-Telemetrie), der Schwellenlevel (T-Level;

Threshold-Level) und des „Most-Comfortable-Level" (M-Level) die sich z.T. schon nach einigen Wochen stabilisieren können (Akin et al., 2006; Henkin et al., 2003). Daher werden alle für die Einstellung nötigen Messungen während der Anpassung vorgenommen.

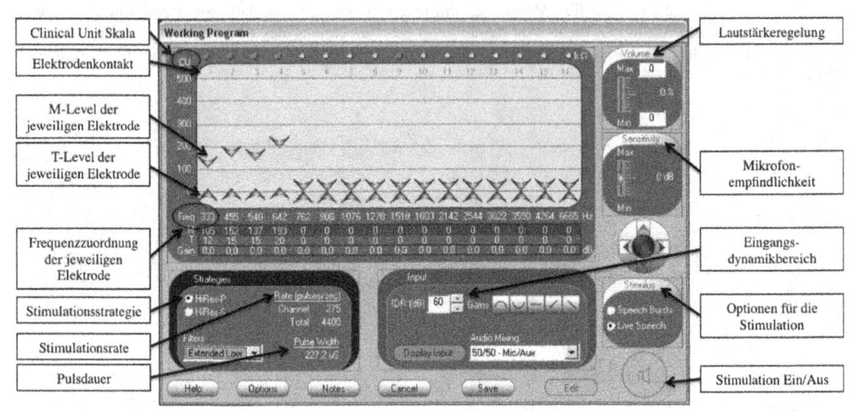

Abbildung 2-2: Zeigt die Benutzeroberfläche von Soundwave (Version 1.1, Advanced Bionics LLC, Valencia, USA) mit dessen Hilfe die Einstellungen am CI vorgenommen werden.

Die Einstellung der CI-Soundprozessoren wurde mit dem Programm „Research Sound Processor for Objective Measures" (RSPOM, Advanced Bionics LLC, Valencia, USA) und mit dem Programm Soundwave und durchgeführt (siehe Abbildung 2-1 und Abbildung 2-2). Zunächst wurde dabei der Widerstand der einzelnen Elektroden gegen die Ringelektrode mit Soundwave ermittelt. Bei Elektroden mit Widerständen über 30 kΩ, sowie allen Elektroden, die nicht mehr in der Cochlea liegen, wurden die Lautstärke, T-Level und M-Level auf Null gesetzt (siehe Abbildung 2-2, Elektrodenkontakte 5-16) und damit die Elektrode deaktiviert. Die Verwendung von nicht optimalen Einstellungen könnten zu einer Schädigung führen (zu hoher Strom) oder auch eine Reaktion im Hörnerv verhindern (zu niedriger Strom). Mit dem Programm RSPOM wurden anschließend die ersten Elektrostimulationen der Elektroden durchgeführt (siehe Abbildung 2-1). Dabei wurden die Elektroden einzeln entweder gegen die Ringelektrode oder, wenn das zu keinen verwertbaren Ergebnissen führte, gegen das Decodergehäuse (siehe Abbildung 1-5) stimuliert. Die erste Stimulation wurde mit niedrigen Stimulationsintensitäten durchgeführt, um eine Schädigung auszuschließen. Gleichzeitig mit der Elektrostimulation wurde die Reaktion des Hörnervs mit einer anderen Elektrode aufgezeichnet. Es wurde z.B. mit Elektrode 3 (Stimulation Channel) stimuliert und die Reaktion des Hörnervs mit Elektrode 1 aufgezeichnet (Recording Channel, siehe Abbildung 2-2). Das Programm RSPOM stellt die Aufzeichnung der Ableitelektrode grafisch dar. Die Intensität wurde gesteigert, bis eine eindeutige Antwort des Hörnervs erkennbar war. Es folgten mindestens vier weitere Stimulationen mit steigender Intensität (siehe Abbildung 2-1 links). Das Programm RSPOM zeigt die aufgezeichneten Reaktionen des Hörnervs inklusive Minima und Maxima an (siehe Abbildung 2-1 links) und verbindet die Maxima der Hörnervantworten (siehe Abbildung 2-1 rechts). Im linearen Arbeitsbereich der auditorischen Strukturen kommt es zu einer linearen Vergrößerung der Maxima bei linearer Steigerung der Intensität. Die Maxima, die nicht in diesen Bereich fielen, werden aus der Berechnung entfernt. Aus den Maxima, die im linearen Arbeitsbereich liegen, wird durch lineare Regression ein Y-Achsen-Schnittpunkt errechnet. Dabei handelt es sich um eine Schwelle für diesen Kanal, den t-NRI-Wert. Der t-NRI-Wert ist die Schwelle des Summenpotentials einer intracochleären Ableitung der elektrischen Antwort des Hörnervs auf die elektrische Stimulation in der Cochlea (Akin et al., 2006). Anhand dieser für jede der verwendeten Stimulationselektroden ermittelten t-NRI-Werte wurde nun die Einstellung des CI vorgenommen. Dabei wurde in Soundwave das M-Level, basierend auf dem t-NRI-Wert, eingestellt. In einigen Fällen war eine zusätzliche verhaltensbasierte Anpassung (Preyer-Reflex), mit Speech Burst, einer Einstellung in Soundwave, notwendig. Dabei wurden die intraoperativen NRI-Messungen aller Elektroden gemeinsam geregelt und auf Verhaltensreaktionen getestet. Die Schwelle für die Stimulation (T-Level) wurde automatisch auf 10 % des M-Levels festgelegt. Der IDR wurde auf 60 dB festgelegt (Abbildung 2-2). Für die Eingangsverstärkung sowie die Mikrofonempfindlichkeit wurde 0 dB eingestellt (Anleitung zu Soundwave, Advanced Bionics, LLC, Valencia, USA). Die M-Level und T-Level der nicht stimulierten weil außerhalb der Cochlea liegenden Elektroden wurden auf Null gesetzt um Änderungen an den Frequenzbändern (Frequenzbereich eines Kanals) der Kanäle zu verhindern die bei einer deaktivierung der Kanäle entstehen würden. Durch diese Einstellung war die Intensität der Stimulation ausreichend laut, so dass eine Reaktion am Hörnerv ausgelöst wurde. Intraoperativ wurden diese Messungen zur Überprüfung der richtigen Elektrodenlage in der Cochlea des Patienten ebenfalls durchgeführt.

Bei den vier Versuchsgruppen wurden unterschiedliche Stimulationsraten am CI eingestellt (siehe Abschnitt 2.3). Dabei wurden die Parameter Pulsdauer und Intensität nicht frei gewählt. Die Pulsdauer wird abhängig von der Stimulationsrate von Soundwave ausgewählt. Die Intensität wird in Soundwave anhand der zuvor bestimmten t-NRI-Werte festgelegt. Diese tNRI basierte Einstellung wird häufig bei Kindern und selten bei unkooperativen Erwachsenen verwendet (Basta et al., 2015). Die Lautstärke des Profils wurde teilweise verhaltensbasierend anhand des Preyer-Reflexes angepasst, da es nicht immer einen eindeutigen Zusammenhang zwischen den gemessenen Werten und dem M-Level gibt (Brown et al., 2000). Die intraoperativ messbare Stapediusreflexschwelle ist beim Menschen eine Alternative (Battmer et al., 1990). Beim Meerschweinchen wird das Mittelohr beschädigt und dadurch diese Messung unmöglich. An einer alternativen Operationstechnik für die Meerschweinchen wird zu diesem Zeitpunkt gearbeitet.

Die hier beschriebenen Einstellungen entsprechen denen, die bei der Anpassung von CI beim Menschen verwendet werden. Dadurch lassen sich die Ergebnisse dieser Untersuchung leichter vergleichen.

Die Versuchsgruppe LSR wurde mit 275 pps/ch und einer Pulsdauer von 227,2 µs an 90 Versuchstagen einseitig elektrisch stimuliert. Dabei wurde eine Stimulationsintensität durchschnittlich 99,24 CU mit einem Standardfehler (SE, Standard Error) von ±5,38 verwendet. Die Versuchsgruppe MSR wurde mit 1513 pps/ch und einer Pulsdauer von 41,3 µs bei durchschnittlich 189,64 (SE ±16,48) CU ebenfalls an 90 Versuchstagen einseitig elektrisch stimuliert. Die Versuchsgruppe HSR wurde mit 5156 pps/ch und einer Pulsdauer von 10,8 µs bei durchschnittlich 147,38 (SE ±9,38) CU wie die anderen Versuchsgruppen an 90 Versuchstagen einseitig elektrisch stimuliert.

Die Kontrollgruppe wurde einer identischen Operation unterzogen und unter identischen Bedingungen für den gleichen Zeitraum gehalten, jedoch nicht einseitig elektrisch stimuliert.

Die CU Werte werden laut Advanced Bionics (persönliche Kommunikation) wie folgt berechnet: CU = Stromstärke x Pulsdauer x Faktor K (0,0128447).

Tabelle 1: Verwendete Stimulationsparameter der drei Versuchsgruppen.

	LSR	MSR	HSR
Stimulationsrate	275 pps/ch	1513 pps/ch	5156 pps/ch
Stimulusintensität (±SE)	99,24 CU (±5,38)	189,64 CU (±16,48)	147,38 CU (±9,38)
Pulsdauer	227,2 μs	41,1 μs	10,8 μs
Stromstärke pro Puls	33,99 μA	357,82 μA	1062,55 μA
Ladung pro Puls	7,72 nC	14,71 nC	11,48 nC

2.3 Elektrostimulation

Sechs Wochen nach der Implantation wurde der Soundprozessor Auria® (Advanced Bionics LLC, Valencia, USA) auf dem Rücken der Tiere befestigt. Dafür wurde ihnen der Bauch mit Verbandmaterial umwickelt und der Soundprozessor samt Batterie und Überträger mit Klebeband (Leukosilk® S, BSN medical GmbH, Hamburg, Germany) auf dem Verband (Peha-haft®, Paul Hartmann AG, Heidenheim, Germany) befestigt (siehe Abbildung 2-3). Der Überträger wurde dabei direkt über das CI geklebt und die Verbindung überprüft (Abbildung 1-5, Nr.6).

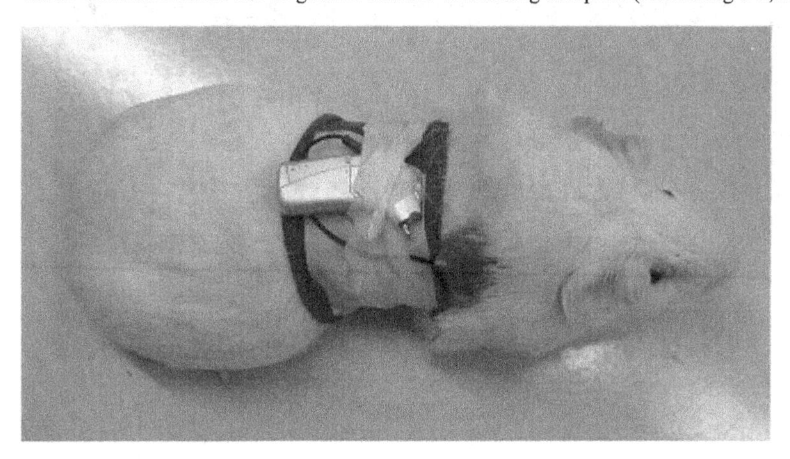

Abbildung 2-3: Meerschweinchen mit Soundprozessor und Überträger wie sie während der Beschallung getragen wurden.

Im Soundprozessor befindet sich ein Mikrofon, dass die Umgebungsgeräusche einfängt. Der Prozessor verarbeitet die Geräusche und wandelt sie in elektrische Impulse für die 16 vorhandenen Stimulationselektroden um. Dabei wird jeder der 16 Elektroden ein anderer Frequenzbereich (siehe Abbildung 2-2) der am Mikrofon eingefangenen Geräusche zugewiesen (Elektrode 1 = 250-416 Hz, mittlere Frequenz 333 Hz; E2 = 416-494 Hz, mittlere Frequenz 455 Hz; E3 = 494-587 Hz, mittlere Frequenz 540 Hz; E4 = 587-697 Hz, mittlere Frequenz 642 Hz; E5 = 697-828 Hz, mittlere Frequenz 762 Hz). In diesem Versuch wurden ausschließlich die vier bis fünf in der Cochlea liegenden Elektroden elektrisch stimuliert. Bei den nicht zur Stimulation genutzten Elektroden wurde die Amplitude auf Null gesetzt. Die den einzelnen Elektroden vom Soundprozessor zugewiesenen Frequenzbereiche blieben ebenso wie die sonstigen Einstellungen unverändert.

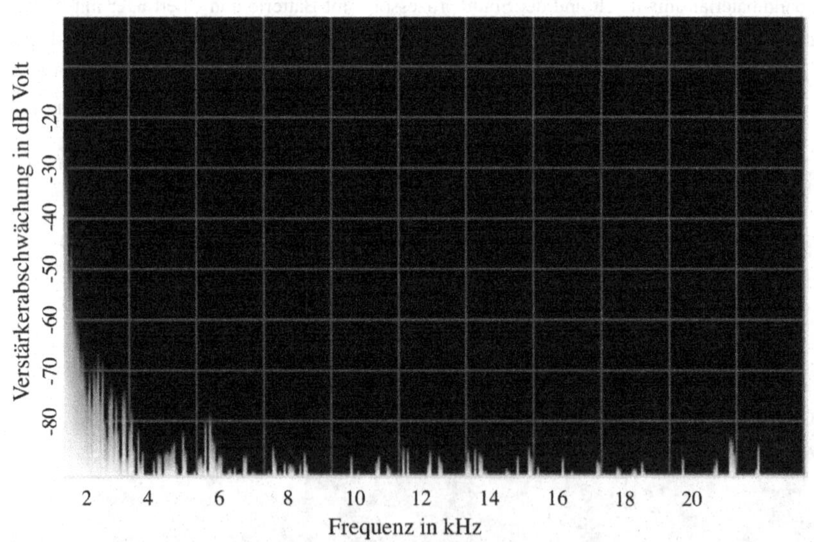

Abbildung 2-4: Spektrogramm des zur Beschallung verwendeten Hörspiels (Tolkien et al., 2003). Untersucht wurden die Frequenzen von 0 bis 20 kHz bei der bis zu 70 dB SPL lauten Wiedergabe. Die Beschallung beinhaltete zum großen Teil Frequenzen unter 2 kHz. Frequenzen dieses Bereiches wurden auch vom Cochlea-Implantat zur Stimulation der vier bis fünf implantierten Elektroden verwendet. Im Spektrum sind die vorhandenen Frequenzen in Hz gegen die Amplitude als Verstärkerabschwächung in dB Volt aufgetragen.

Die Versuchstiere wurden in vier Versuchsgruppen eingeteilt, welche alle unter denselben Bedingungen gehalten wurden. Dazu gehörte eine Beschallung an 90 Stimulationstagen mit einem Hörspiel (Tolkien et al., 2003) für jeweils 16 Stunden. Das Hörspiel enthält Geräusche, deren Hauptfrequenzen im Bereich der ersten vier Stimulationselektroden lagen. Das wurde anhand des Spektrogramms in Abbildung 2-4 dargestellt. Das Hörspiel wurde für die Erstellung des Spektrogramms wie unter den Bedingungen der Beschallung wiedergegeben und von einem am PC angeschlossenen Mikrofon aufgezeichnet. Untersucht wurde die Amplitude im Frequenzbereich von 0 bis 20 kHz (Lautstärke in der Abbildung als Verstärkerabschwächung in dB Volt angegeben). Dabei entspricht die dargestellte Lautstärke von −20 dB Abschwächung der maximal verwendeten Lautstärke von 70 dB SPL. Die Software nutzt eine Fast Fourier Transformation, um dieses Spektrogramm zu erstellen. Dabei wird die Zeit bzw. die Häufigkeit berücksichtigt, mit der Frequenzen unterschiedlicher Amplituden wiedergegeben werden.

2.4 Radiologische Untersuchung der Cochlea

Stichprobenweise wurden Cochleae der Versuchstiere in einem Micro-Computer-Tomograph (Micro-CT; VivaCT 40, Scanco Medical AG, Brüttisellen, Schweiz) des FEM des Virchow Klinikum der Charité Berlin untersucht, um die Lage der CI-Elektroden innerhalb der Cochlea zu bestimmen. Von denselben Cochleae wurden mit dem Micro-CT Röntgenbilder angefertigt, die ebenfalls der Verifizierung der CI-Elektrodenlage dienten.

Die Cochleae wurden in einem mit 4% Paraformaldehydlösung (PFA) gefüllten 15 ml Falcon-Tube fixiert und anschließend über Nacht vom Micro-CT gescannt. Dabei wurde die maximale Auflösung des Micro-CT von 10,5 µm verwendet. Aus den über 2000 CT-Bildern (2048 x 2048 Pixel) einer Cochlea wurden mit dem Softwareplugin ImageJ 3D Viewer (Virtual Insect Brain Project, Universität Würzburg, Deutschland) für das Programm ImageJ64 (Version 1.44, National Institutes of Health, USA) 3D-Modelle der Cochleae erzeugt. Damit konnte über eine Dichtedarstellung der Knochen die Position der Elektroden in Falschfarben dargestellt werden.

2.5 Extrazelluläre Messungen der ereigniskorrelierten Aktivitätsänderung im auditorischen Cortex

Als Teil eines Versuchs, der nicht Bestandteil der vorliegenden Arbeit ist, wurden In-Vivo-Ableitungen am AC von Meerschweinchen durchgeführt. Deren Ziel war es, sowohl akustische, als auch elektrisch ausgelöste Hörschwellen zu bestimmen und die topografische Verteilung der besten Frequenzen zu untersuchen.

Die Versuchstiere wurden narkotisiert, wie in Kapitel 2.2 beschrieben (jedoch mit halber Dosis) und anschließend auf eine Wärmematte gelegt. Fixiert in einer Stereotaxis (Lab Standard Stereotaxis Rat, Stoelting Co., Wood Dale, IL, USA) wurde unter ständiger Kontrolle der Körpertemperatur die Stelle des Schädels markiert, unter der sich der AC befindet. Die Position wurde anhand der bereits bekannten Anatomie des Versuchstiers (Wysocki, 2005) ausgewählt. Sie entspricht der in der Histologie der vorliegenden Arbeit als AC verwendeten Cortex-Region. Eine Kraniotomie wurde durchgeführt. Die Ränder eines Fensters im Schädelknochen wurden mit einem Bohrer freigelegt ohne die Dura Mater zu beschädigen und der Knochen in einem Stück entfernt. Die Dura-Mater wurde mit einer Kanüle angeritzt und im Bereich des Fensters entfernt. Die Fläche wurde möglichst gering gehalten, um die Bewegung des Gehirns (Pinault, 2005), die bei jeder arteriellen und venösen Druckänderung sowie bei jedem Respirationszyklus auftritt, zu minimieren. Mit Hilfe der Sterotaxis und eines Mikromanipulators (MHM-4, Narishige International, Tokyo, Japan) wurden die acht Ableitelektroden (4x2 Elektroden mit 115 µm Abstand) einer Wolfram-Matrix-Multielektrode (FHC Inc., Bowdoin USA) in das Gehirn eingeführt.

Die extrazellulär abgeleiteten Potentiale waren Aktionspotentiale von Einzelzellen. Die Antworten der Einzelzellen auf akustische Signale (breitbandiges Rauschen bzw. Knacken) wurden mit einem 8-Kanal-Vorverstärker (MPA8I, Multichannel Systems) und einem 16-Kanal-Verstärker (USB-ME16-FAI-System, Multichannel Systems MCS GmbH, Reutlingen, Germany), der zur Datenaufnahme an einen PC angeschlossen war, verstärkt. Die Software MC_Rack (Multichannel Systems MCS GmbH, Reutlingen, Germany) diente der Filterung, Aufnahme und anschließenden Bearbeitung der Daten. Zur Reduzierung von Störungen wurden diese Versuche in einem Faraday'schen Käfig durchgeführt.

In einem weiteren Versuchsteil wurde nach der akustischen Stimulation, die auch zur Bestätigung der Elektrodenplazierung im AC verwendet wurde, eine CI-Elektrode (1j Electrode Array, Advanced Bionics LLC, Valencia, USA) in eine Cochlea des Versuchstieres implantiert. An das Elektrodenarray wurde ein speziell für diesen Zweck umfunktioniertes CI (Advanced Bionics LCC, Valencia, USA) angeschlossen, mit dem sich manuell jede Elektrode einzeln als Stimulations- bzw. Referenzelektrode verwenden lässt. Anschließend wurden die unterschiedlichen Stimulationselektroden des CI stimuliert und die Antwort des AC mit Hilfe der Acht-Kanal-Multielektrode am PC aufgezeichnet. Stimuliert wurde mit unterschiedlichen Spannungen von 50 bis 750 µV bei einer Stimulusdauer von 20 ms. Die Software MC_Rack wurde dabei genutzt, um mit Hoch- und Tiefpassfiltern Störungen in den Rohdaten zu minimieren und Antworten aufzuzeichnen, die eine festgesetzte Schwelle überschreiten. Dafür wurden folgende Filter verwendet: Butterworth 2nd Order, Hochpassfilter (300 Hz), Tiefpassfilter (4000 Hz) sowie ein Bandstop Resonator (F=50 Hz; Q=1,0).

Nach Beendigung des Versuchs wurde das Gehirn entnommen, die Position der Einstichstelle im Gehirnschnitt ermittelt und fotografiert.

2.6 Hirnstammaudiometrie

Die Messung der Hörschwelle und die Berechnung der Hörschwellenverschiebung der jeweiligen Versuchsgruppen wurden mit Hilfe der Hirnstammaudiometrie (ABR, Auditory Brainstem Response) in einer schallisolierten Kammer durchgeführt. Die Kammer (80 x 80 x 80 cm Innenmaß) wurde aus verschraubten Pressspanplatten gefertigt und innen mit Akustikmatten zur Schallisolation ausgekleidet. Die betäubten Tiere wurden auf eine beheizte Styroporplatte gelegt (Thermolux CM 15W, Acculux, Murrhardt, Germany), um ein Auskühlen zu verhindern. Die Körpertemperatur wurde bei 37°C gehalten, auch um die Wirkung des Anästhetikums nicht zu beeinflussen (Barrows, 1942). Nach Anästhesie mit einer intramuskulären Ketamin/Rompun-Injektion (Ketamin: 100 mg/Kg Körpergewicht; Ketanest. Pfizer Deutschland GmbH, Berlin; Rompun: 8 mg/Kg Körpergewicht, Bayer Health Care AG, Leverkusen, Germany) wurden subdermale Nadelelektroden am Vertex (Messelektrode), dem Mastoidknochen (Referenzelektrode) und am Fuß (Erdungselektrode) angebracht. Ein Sinusgenerator (Modell SSU2, Werk für Fernmeldewesen, Berlin, Germany) wurde zur Generierung kurzer Tonimpulse der zehn untersuchten Frequenzen (2, 4, 6, 8, 10, 12, 14, 16, 18 und 20 kHz), mit einer Länge von 200 ms und einer Pulsfrequenz von 2,5 Hz eingesetzt. Zur Erhöhung der Genauigkeit der generierten Frequenz wurde er mit einem Impulszähler verbunden (Fluke 1941A Digital Counter, Scarborough, Ontario, Canada). Das intraoperative Messsystem Viking IV® (Viasys Healthcare, Conshohocken, Pennsylvania, USA) wurde zur Aufzeichnung der reizkorrelierten Hirnstammantworten eingesetzt. Dabei wurden ausschließlich die ersten zehn Millisekunden nach Reizpräsentation aufgenommen, da die relevanten neuronalen Antworten in diesem Zeitfenster auftreten. Die Signale wurden 100.000fach verstärkt, gefiltert (Bandpassfilter 0,15-3 kHz) und über 300 Wiederholungen gemittelt. Für jede der zehn untersuchten Frequenzen wurden vier bis fünf Messungen mit unterschiedlichen Schalldruckpegeln durchgeführt, die der Verstärker als relative Einheit (Abschwächung in dBV vom Maximum) anzeigte. Die verwendeten Schalldruckpegel lösten alle eine intensitätsabhängige (d.h. die Antwortamplitude nimmt bei steigender Lautstärke zu) und reproduzierbare Antwort aus. Diese Antworten konnten dem linearen Arbeitsbereich der beteiligten auditorischen Strukturen zugeordnet werden, der sich als evoziertes Summenpotential mit bis zu fünf aufeinander folgenden Einzelwellen darstellt. Diese fünf Wellen wurden den folgenden Strukturen zugeordnet: I. distaler Bereich des Hörnervs, II. proximaler Bereich des Hörnervs, III. *Nucleus Cochlearis*, IV. superiorer Olivenkomplex, V. Eingang des lateralen Lemniscus in den *IC* (Møller, 2006). Bei dieser Methode handelt es sich um die Standardmethode zur frequenzspezifischen Ermittlung eines Hörverlusts durch die Ermittlung der Hörschwelle und den Vergleich mit einer Kontrollgruppe. Die Amplitude der Welle II wurde für alle gemessenen Lautstärken ermittelt (Amplitude von N2 bis P2 siehe Abbildung 2-5). So konnte eine Amplituden-Wachstums-Funktion für die zehn untersuchten Frequenzen berechnet werden (siehe Abbildung 2-6). Der lineare Abschnitt der Amplituden-Wachstumsfunktion wurde ermittelt und eine lineare Regression für diesen Abschnitt durchgeführt. Der Schnittpunkt der Regressionsgraden mit der Y-Achse ergab die Hörschwelle für die jeweilige untersuchte Frequenz bei dem untersuchten

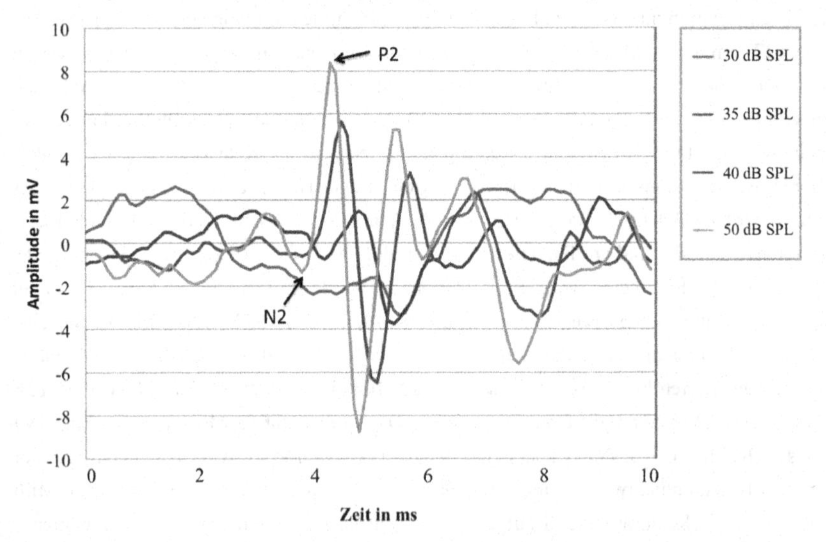

Tier.

Abbildung 2-5: Bestimmung der Hörschwelle mit den N2-P2 Werten der Messungen bei fünf Lautstärken. Die errechnete Hörschwelle liegt hier bei 23 dB SPL.

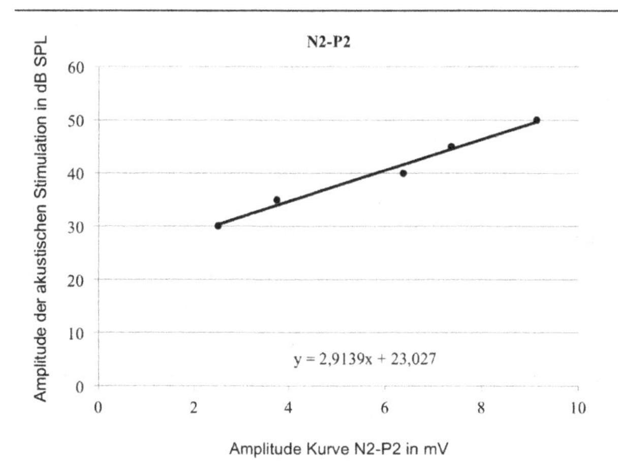

Abbildung 2-6: Hirnstammaudiometrie (ABR) bei vier unterschiedlichen Lautstärken, von 30 bis 50 dB SPL.

Zwei unterschiedliche Untersuchungen wurden mit dieser Methode durchgeführt. In der ersten wurden ABR-Messungen an sechs Meerschweinchen vor sowie sechs Wochen nach der einseitigen Implantation eines CI durchgeführt, um den Einfluss der Implantation auf die Hörschwelle zu untersuchen. Im zweiten Versuch wurde an Tieren der drei Versuchsgruppen und der Kontrollgruppe eine ABR-Messung nach 90 Tagen einseitiger Elektrostimulation (bzw. einseitiger Taubheit bei der Kontrollgruppe) durchgeführt. Dabei wurden fünf Tiere der Versuchsgruppe LSR, sechs Tiere der Versuchsgruppe MSR, vier Tiere der Versuchsgruppe HSR sowie sieben Tiere der Kontrollgruppe untersucht.

2.7 Histologie

2.7.1 Präparation und Histologie der zentralen Hörbahn

Die Tiere erhielten vor der Perfusionsfixierung eine Narkose, die der dreifachen Operations-Dosis entsprach (siehe Abschnitt 2.2), um ein Aufwachen zu verhindern. Ein Reflextest (Kneifen in den Fuß) wurde zur Überprüfung der Wirksamkeit der Narkose durchgeführt. Nach Aussetzen der Atmung wurden die Tiere mit Klebeband an Vorder- und Hinterbeinen in einer Kunststoffwanne fixiert. Mit einer Schere wurden Haut und Bindegewebe, am Rande des Brustbeins beginnend, zu beiden Seiten geöffnet. Das Zwerchfell wurde durchtrennt, wodurch die Lunge kollabierte. Die Rippenbögen und das darunterliegende Gewebe wurden an beiden Seiten des Brustkorbes durchschnitten. Der Brustkorb wurde nun entfernt und das Herz freigelegt. Der Herzbeutel wurde mit einer Mikroschere geöffnet und anschließend entfernt. Die Perfusion erfolgte durch Einbringen einer Perfusionskanüle in die linke Herzkammer. Dabei wurde die Kanüle vom kaudalen Ende her eingeführt und fixiert. Den Tieren wurde zuerst mit NaCl 0,9 % durch eine Überdruckpumpe (20 ml/min, Pumpendruck 0,1 bar) das Blut aus dem Kreislauf gespült, bis die Leber hell und die austretende Flüssigkeit klar wurden. Anschließend wurde der Kreislauf mit 4% PFA in Phosphat gepufferter Salzlösung (PBS 0,2 M, Phosphate Buffered Saline) zur Fixierung weitere 5-10 Minuten perfundiert. Eine eintretende Starre der Extremitäten zeigte eine gleichmäßige Fixierung. Die Tiere wurden dekapitiert und der Schädel eröffnet. Das Gehirn wurde entnommen, in die beiden Hemisphären geteilt und mindestens 24 Stunden in PFA 4% bei 7°C gelagert.

Die Gehirne wurden mit dem Einbettautomaten (Leica EG 1160 Histoembedder, Leica Microsystems, Wetzlar, Germany) in Paraffin eingebettet und 10 μm dicke Gewebeschnitte angefertigt. Dafür wurden unterschiedliche Mikrotome verwendet: Die Gewebeschnitte der Versuchsgruppe HSR sowie der Kontrollgruppe wurden auf einem Schlittenmikrotom (Sartorius-Werke AG, Göttingen, Deutschland) angefertigt. Die Gehirne der Versuchsgruppe MSR wurden mit einem Mikrotom der Firma Euromex, (präzisions Minot Rotationsmikrotom MT.5505, Euromex Microscopen BV, Arnhem, Niederlande), die Gehirne der Versuchsgruppe LSR mit einem Rotationsmikrotom der Firma Leica (Leica Microsystems, Wetzlar, Germany) geschnitten. Das geschnittene Gewebe wurde in langen Bahnen auf ein Wasserbad mit Raumtemperatur gelegt. Jeder zweite Gewebeschnitt wurde aus den langen Bahnen herausgetrennt, mit sechs bis acht anderen auf einen Objektträger aufgezogen, einige Sekunden auf ein 45-48°C warmes Wasserbad gelegt, damit sich das Gewebe ausdehnen konnte und anschließend getrocknet. Die anderen Gewebeschnitte wurden nicht verworfen, sondern ebenfalls auf Objektträger aufgezogen. Das so konservierte geschnittene Gewebe wird für weitere Experimente aufbewahrt. Nach dem Trocknen der Gewebeschnitte über Nacht erfolgte eine Hämalaun-Eosin-Färbung.

2.7.2 Hämalaun Eosin Färbung

Die Färbung der Gehirnschnitte wurden nach folgendem Verfahren durchgeführt. Zuerst wurden die Schnitte entparaffiniert (Schritte 1+2) und gewässert (Schritte 3-5), bevor man sie mit einer Hämalaun Lösung (Carl Roth, Karlsruhe, Germany) färbte (Schritt 6). Die Schnitte wurden gespült (Schritte 7+8), mit 0,1% Eosin-Lösung ein zweites Mal gefärbt (Schritt 9) und anschließend in Aqua dest. und 70% Ethanol unter visueller Kontrolle differenziert (Schritte 10+11). Es folgte die Entwässerung (Schritte 11-13) und die anschließende Tränkung mit Roti-Histol, (Carl Roth, Karlsruhe, Germany) (Schritte 14-15), bevor sie mit einem Tropfen Roti-Histo-Kitt (Carl Roth, Karlsruhe, Germany) unter einem Deckglas eingedeckelt wurden. Hämalaun färbt die Zellkerne blau. Eosin wird zur Gegenfärbung verwendet und färbt Zytoplasma, Bindegewebe und ebenfalls den Zellkern rot. Dadurch entsteht schließlich die typische rötlich-violette Färbung.

Die einzelnen Schritte sind im folgenden aufgelistet:

1. Roti-Histol	10 Minuten
2. Roti-Histol	10 Minuten
3. Ethanol 90%	5 Minuten
4. Ethanol 70%	5 Minuten
5. Aqua dest.	5 Minuten
6. Hämalaun-Lösung (sauer, nach Mayer)	4 Minuten
7. Aqua dest.	1 Minute
8. Spülen in fließendem Leitungswasser	10 Minuten
9. Eosin 0,1%	3 Minuten
10. Aqua dest.	20 Sekunden
11. Ethanol 70% (Differenzierung)	1-3 Minuten unter visueller Kontrolle
12. Ethanol 90%	1 Minute
13. Ethanol abs.	1 Minute
14. Roti-Histol	1 Minute
15. Roti-Histol	1 Minute oder länger

2.7.3 Fotographie der Gewebeschnitte

Die gefärbten Gewebeschnitte wurden zur Trocknung des Roti-Histo-Kitts mindestens 24 Stunden gelagert. Anschließend wurden Fotos des Modiolus und der zu untersuchenden Kerngebiete CN, IC, MGB und AC angefertigt.

An einem Mikroskop (Carl Zeiss Axiovert 25 C) wurde eine digitale Kamera montiert. Für die Fotos der Gehirnschnitte der Versuchsgruppen HSR und der Kontrollgruppe verwendete man eine Nikon E5000 (Nikon Corp., Tokio, Japan). Für die Versuchsgruppe LSR wurden jedoch unterschiedliche Kameras eingesetzt: Canon Eos 10D (Canon Inc., Tokio, Japan) für MGB und IC, Nikon D90 für den CN und eine Canon Eos 1000D für AC und *Cerebellum* (CB). Für alle Kerngebiete der Versuchsgruppe MSR wurde eine Canon Eos 1000D eingesetzt. In den zu Testzwecken ausgewerteten Bereichen wurde kein signifikanter Unterschied zwischen den Kameras festgestellt. Alle Fotos wurden mit denselben Einstellungen aufgenommen (Belichtungszeit 1/20 s, ISO 200, Blendeneinstellung am Mikroskop) und als Datei (JPEG, Joint Photographic Expert Group) gespeichert. Anschließend wurden die farbigen Fotos mit Adobe Photoshop CS 3 (Adobe Systems, San Jose, USA) in Graustufen umgewandelt und eine Routine zur Kontrastkorrektur durchgeführt.

2.7.4 Bestimmung der Zelldichte der Gehirnschnitte

Zur Bestimmung der Zelldichten wurden genau definierte Ausschnitte aus den erstellten Fotos der untersuchten Kerngebiete ausgeschnitten. Es wurden lediglich die Ausschnitte ausgewertet, die komplett in den Kerngebieten oder den Schichten der Kerngebiete lagen.

Für die Bestimmung der Zelldichten wurde der DCN in neun Bereiche (siehe Abbildung 2-7) eingeteilt: Die drei äußeren eindeutig voneinander getrennten Zellschichten (Kandel, 2013; Manis et al., 1994; Ryugo und Willard, 1985) mit unterschiedlichen Eigenschaften wurden wiederum, begründet in der tonotopen Struktur des DCN, in je drei Frequenzbereiche aufgeteilt (Kraus et al., 2011). Betrachtet werden demnach HF (hoher Frequenzbereich), MF (mittlerer Frequenzbereich) und TF (tiefer Frequenzbereich) der drei Zellschichten. Dabei liegt der HF dorsal und der TF ventral im DCN (Muniak und Ryugo, 2014; Ryugo und May, 1993; Ryugo und Parks, 2003). Für die Schichten 1 und 2 des DCN wurde eine Ausschnittgröße von 0,39 x 0,08 mm verwendet, für Schicht 3 eine von 0,39 x 0,26 mm.

Die Ausschnitte des IC hatten eine Größe von 0,52 x 0,52 mm (siehe Abbildung 2-8) und die des MGB eine Größe von 0,52 x 0,26 mm (siehe Abbildung 2-9). Im AC wurden Ausschnitte einer Größe von 0,65 x 0,1 mm von allen sechs Schichten des AC angefertigt (siehe Abbildung 2-10). Ein nicht auditorischer Bereich (Ausschnittgröße 0,65 x 0,1 mm) in der Molekularschicht des *Cerebellums* (siehe Abbildung 2-11) wurde neben den auditorischen Gebieten ausgewertet und als Referenzgebiet betrachtet.

Die Ausschnitte wurden mit der maximalen Auflösung von 1200 dpi (dots per inch, Punkte pro Quadratzoll) auf schwarzweiß Laserdruckern (HP Laserjet 1200 und HP Laserjet 2055; Hewlett Packard Company, Palo Alto, USA) ausgedruckt. Für die unterschiedlichen Kerngebiete im Gehirn wurden für die Auszählung unterschiedliche Vergrößerungen verwendet (CN 500x, IC und MGB 250x, CB und AC 200x)

Die in den Ausschnitten vorhandenen Zellen wurden per Hand gezählt. Eine Normalisierung der Zelldichten aller Gehirnschnitte des jeweiligen Tieres auf die Molekularschicht des *Cerebellums* (desselben Tieres, soweit möglich) wurde anschließend durchgeführt, um methodisch bedingte Unterschiede bei den Fixier- oder Einbettvorgängen der Gehirne der unterschiedlichen Tiere auszugleichen. Mit der nun ermittelten und normalisierten Zellanzahl pro Ausschnitt und der bekannten Ausschnittgröße konnte die Zelldichte pro mm^2 ermittelt werden.

Beispiel: In einem Ausschnitt des IC wurden 200 Zellen gezählt. Für die Normalisierung wurde die Molekularschicht des *Cerebellum* verwendet (bei diesem Tier im Mittel 90 Zellen pro Ausschnitt). Anschließend erfolgte die Berechnung der normalisierten Zelldichte pro mm^2.

Zellen pro IC Ausschnitt normalisiert auf die Molekularschicht des CB:

= (200*100) / 90 = 222,22 Zellen pro IC Ausschnitt nach der Normalisierung.

Berechnung der Zelldichte pro mm^2:

Fläche Ausschnitt IC = 0,52m x 0,52mm = 0,2704 mm^2

Zelldichte pro mm^2 = 222,22 / 0,2704 = 821,8 Zellen pro mm^2

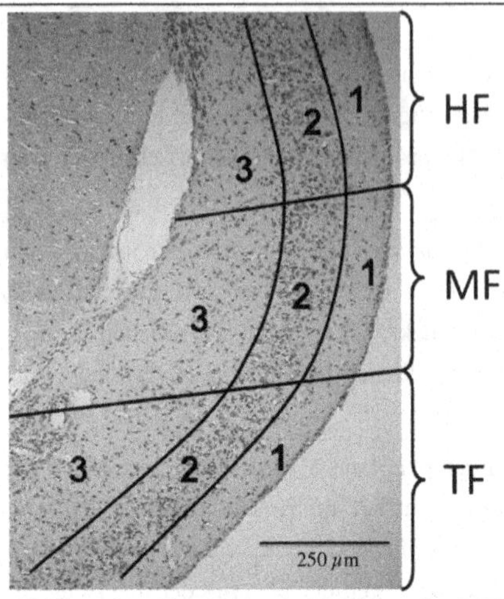

Abbildung 2-7: Grenzen der drei Schichten des DCN sowie die drei unterschiedlichen Frequenzbereiche HF (hoher Frequenzbereich), MF (mittlerer Frequenzbereich) und TF (tiefer Frequenzbereich). Innerhalb dieser Grenzen wurden die Ausschnitte zur Bestimmung der Zelldichte angefertigt.

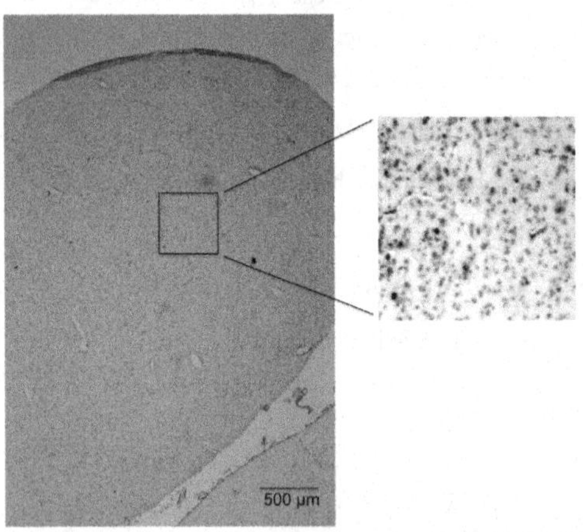

Abbildung 2-8: IC mit maßstabsgetreuem Ausschnitt (0,52 x 0,52 mm) und Ausschnittvergrößerung. Der Ausschnitt wurde anschließend zur Zelldichtebestimmung verwendet.

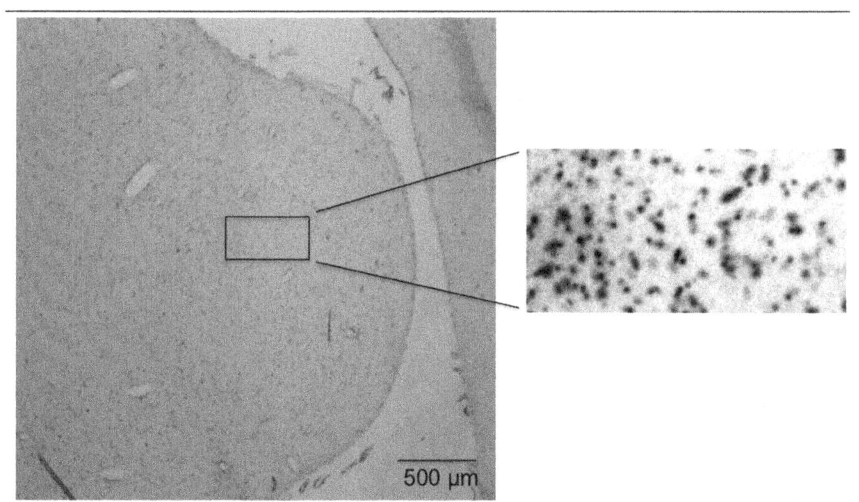

Abbildung 2-9: MGB mit maßstabsgetreuem Ausschnitt (0,52 x 0,26 mm) und Ausschnittvergrößerung. Der Ausschnitt wurde für die Bestimmung der Zelldichte verwendet.

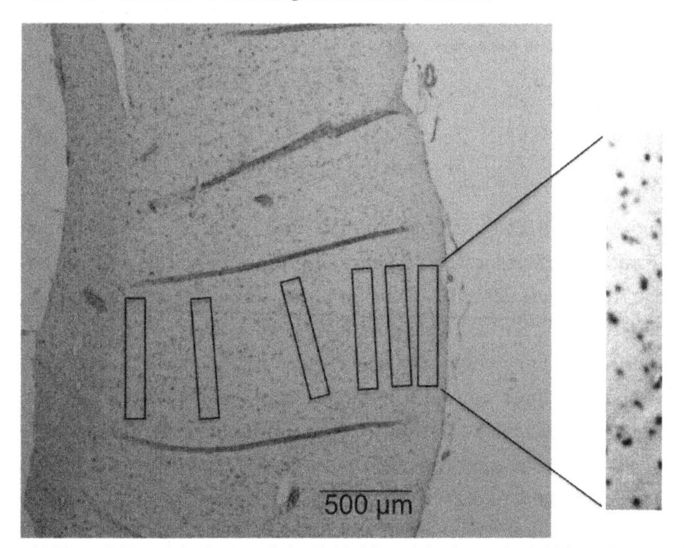

Abbildung 2-10: AC je ein Ausschnitt (0,65x0,1 mm) in den sechs Schichten. Der Ausschnitt aus Schicht 1 ist vergrößert dargestellt. Die sechs Ausschnitte wurden für die Bestimmung der Zelldichten verwendet.

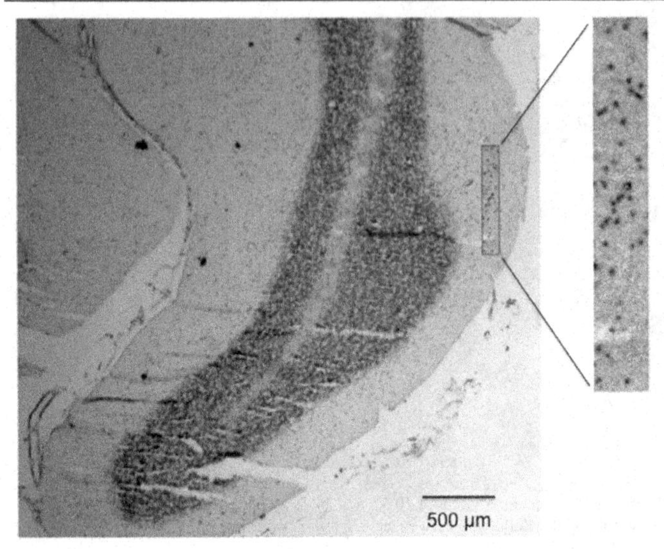

Abbildung 2-11: *Cerebellum* mit 0,65x0,1 mm großem Ausschnitt in der Molekularschicht. Dieser Ausschnitt wurde für die Zelldichtebestimmung im *Cerebellum* verwendet.

2.8 Statistik

2.8.1 Statistik ABR

Die statistische Auswertung der ABR-Messungen vor und direkt nach der CI-Implantation erfolgte mit dem Programm IBM Statistics 20.0 (International Business Machines Corporation, Armonk, USA). Die Auswertung der ABR-Messungen nach 90 Tagen Elektrostimulation erfolgte mit SPSS Version 10.0 (SPSS Inc., Chicago, Illinois, USA). Zuerst wurden die vorliegenden Daten auf Normalverteilung untersucht. Dafür wurde der Kolmogorow-Smirnow-Test verwendet. Alle Versuchsgruppen wurden sowohl einzeln als auch Paarweise mit der Kontrollgruppe untersucht. Normalverteilte Daten ($p>0,05$) wurden mit einem T-Test verglichen, nicht normalverteilte Daten mit einem Mann-Whitney U-Test. Verglichen wurden die Daten der Kontrollgruppe mit jeder der drei Versuchsgruppen. Entsprechend wurde das Signifikanzniveau mittels Bonferroni-Alpha-Korrektur für Mehrfachvergleiche angepasst, wodurch sich für die Annahme der Nullhypothese ein p-Wert von $>0,0167$ ergab. Ein Unterschied wird daher ab einem Signifikanzniveau von $p\leq0,0167$ als signifikant (*), ab $p\leq0,0033$ als hochsignifikant (**) und ab $p\leq0,00033$ als hochsignifikant (***) angenommen.

2.8.2 Statistik der histologischen Auswertung

Für die statistischen Auswertungen wurde das Programm IBM Statistics 20.0 (International Business Machines Corporation, Armonk, USA) genutzt. Die Ergebnisse der Tiere einer Versuchsgruppe wurden einzeln sowie als gesamte Versuchsgruppe mit einem Kolmogorow-Smirnow-Test auf Normalverteilung getestet. Bei normalverteilten Daten ($p>0,05$) wurde der T-Test angewandt, bei nicht normalverteilten der Mann-Whitney-U-Test. Verglichen wurden die Daten der Kontrollgruppe mit jeder der drei Versuchsgruppen. Entsprechend wurde das Signifikanzniveau mittels Bonferroni-Alpha-Korrektur für Mehrfachvergleiche angepasst, wodurch sich für die Annahme der Nullhypothese ein p-Wert von $>0,0167$ ergab. Die Statistiken der Histologie wurden stets mit den normierten Originaldaten, nicht mit den (auf eine Standardfläche, z.B. 1 mm^2) hochgerechneten Daten durchgeführt. Bei der statistischen Auswertung handelt es sich um einen Dreifachvergleich. Ein signifikanter Unterschied wurde bei einem Signifikanzniveau von $p\leq0,0167$ als signifikant (*), $p\leq0,0033$ als hochsignifikant (**) und $p\leq0,00033$ als hochsignifikant (***) angenommen.

Der in den Abbildungen dargestellte Standardfehler wurde aus den beiden Standardfehlern SE1 und SE2 der zu vergleichenden Versuchsgruppen wie folgt errechnet:

$$SE = \sqrt{(SE1)^2 + (SE2)^2}\ .$$

Eine Varianzanalyse (ANOVA, Analysis of Variance) wurde durchgeführt, um die Zusammengehörigkeit der einzelnen Versuchstiere einer Versuchsgruppe zu untersuchen. Es musste anhand der Ergebnisse kein Tier aus einer Versuchsgruppe herausgenommen werden.

2.9 Durchführung der Versuche

Die Versuche der vorliegenden Arbeit wurden nicht ausschließlich von mir durchgeführt. Die Beteiligung von mir sowie von weiteren Personen an den einzelnen Versuchen wird in diesem Abschnitt besprochen.

Die CI-Implantationen wurden von Mitgliedern unserer Arbeitsgruppe mit Hilfe eines Veterinärmediziners entwickelt abwechselnd von zwei Personen durchgeführt. Ich habe keine CI-Implantation selbstständig durchgeführt, jedoch bei vielen Operationen assistiert.

Die CI-Anpassung wurde von Mitgliedern unserer Arbeitsgruppe durchgeführt. Ich habe assistiert, jedoch keine Anpassung selbstständig vorgenommen.

Die radiologischen Untersuchungen wurden am FEM des Virchow Klinikum der Charité Berlin durchgeführt und in meiner Gegenwart, sowie in Absprache mit mir, ausgewertet.

Die ABR-Messungen wurde wie die CI-Implantationen von Mitgliedern unserer Arbeitsgruppe etabliert und durchgeführt. Ich habe bei vielen der Messungen assistiert, jedoch keine selbstständig durchgeführt. Die Auswertungen wurden zum Teil von mir und zum Teil von weiteren Mitgliedern unserer Arbeitsgruppe durchgeführt, wobei oberste Priorität auf einer vergleichbaren Durchführung und einer maximalen Qualität lag.

Die extrazellulären Messungen der ereigniskorrelierten Aktivitätsänderung im auditorischen Cortex wurden von verschiedenen Mitgliedern unserer Arbeitsgruppe etabliert und durchgeführt. Ich habe bei allen Messungen assistiert und die Auswertungen selbstständig durchgeführt.

Die histologischen Untersuchungen wurden in Zusammenarbeit mit Mitarbeiterinnen des Instituts für Pathologie des Unfallkrankenhauses Berlin von verschiedenen Mitgliedern der Arbeitsgruppe etabliert. Die Anfertigung der Paraffinschnitte, die Färbung und das anschließende bestimmen der Zelldichten wurde gemeinsam von mehreren Personen durchgeführt. Dabei wurden Stichproben verglichen um eine gleichbleibende Qualität gewährleisten zu können.

Die im Rahmen dieser Dissertation durchgeführten Tierexperimente wurden durch Tierschutzbehörde (Landesamt für Gesundheit und Soziales Berlin: G0280/04; G0392/08; G0417/10) genehmigt.

3 Resultate

3.1 Radiologische Überprüfung der Elektrodenlage

Anhand der radiologischen Überprüfung konnte die Lage der CI-Elektroden festgestellt und sowohl in einem Röntgenbild (siehe Abbildung 3-1 a) als auch in einer, aus über 2000 einzelnen Micro-CT Aufnahmen berechneten, 3D-Graphik (siehe Abbildung 3-1 b) dargestellt werden.

Die radiologische Überprüfung zeigt, dass in der hier dargestellten Cochlea vier Elektroden innerhalb und weitere sechs außerhalb der Cochlea liegen. Die restlichen sechs Elektroden sind nicht zu sehen. Das Elektrodenarray des CI wurde bei der Entnahme der Cochlea gekappt und von dem restlichen CI getrennt.

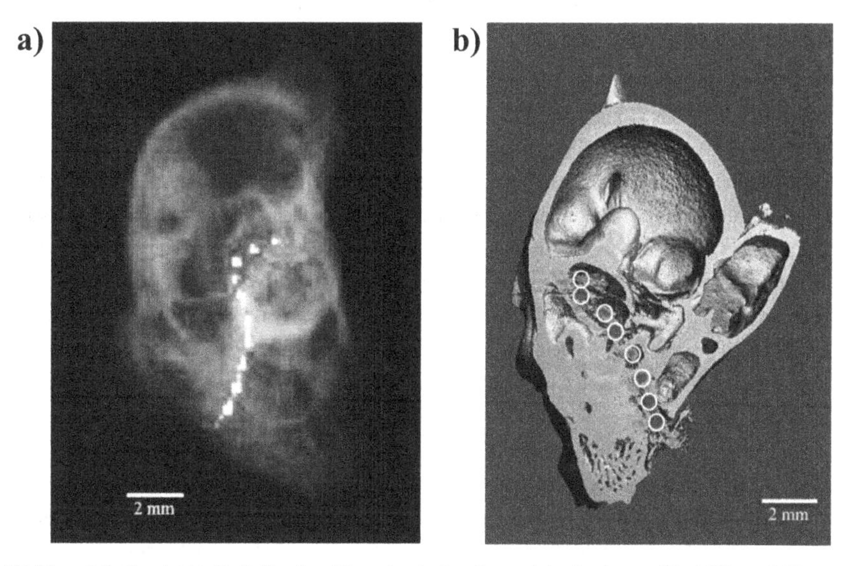

Abbildung 3-1: Gezeigt ist die Bulla eines Meerschweinchenohres mit implantiertem CI. a) Röntgenbild zur Lagebestimmung der Cochlea-Implantat-Elektrode (weiß) in der Cochlea. b) 3D-Dichtedarstellung von Micro-CT Aufnahmen. Die sehr dichten CI-Elektroden sind dunkel (nachträglich weiß umrandet), der nicht ganz so dichte Knochen hell dargestellt.

Durch die radiologischen Untersuchungen konnte die Anzahl der in der Cochlea liegenden Elektroden eindeutig bestimmt werden. Sie stimmt mit der Anzahl der Elektroden überein, die bei der Operation durch Zählen der inserierten Elektroden bestimmt wurde sowie mit der Anzahl der Elektroden, bei denen während der Einstellung der CI eine geringe Impedanz von deutlich unter 30 kΩ gemessen wurde.

3.2 Extrazelluläre Messungen der ereigniskorrelierten Aktivitätsänderung im auditorischen Cortex (In-Vivo)

Die Antworten auf die akustischen und elektrischen Reize wurden im Cortex aufgenommen. Die erhaltenen Antworten bestätigen damit die Ableitposition als den AC. Im Anschluss an die Versuche wurden die Einstichstellen der Elektroden im Gehirnschnitt untersucht. Diese Position wurde ebenfalls für die histologische Untersuchung der Zelldichte im AC verwendet.

Eine Reaktion einzelner Bereiche des AC auf unterschiedliche Reize konnte festgestellt werden. Eine breitbandige überschwellige akustische Stimulation löste in vielen Bereichen der Schicht 4 des AC eine Antwort aus.

Die Abbildung 3-2 zeigt die Ergebnisse eines Versuchs, bei dem mit einem implantierten Elektrodenarray der Hörnerv jeweils mit einer der Stimulationselektroden elektrisch gegen eine andere CI-Elektrode stimuliert wurde. Gleichzeitig wurde die Aktivität des AC mittels einer Multielektrode, mit acht Elektroden, aufgezeichnet. In dem Zeitraum vor der Elektrostimulation ist an allen acht aufzeichnenden Elektroden eine geringe Aktivität messbar (Abbildung 3-2 a) da manuell eine Schwelle festgelegt wurde um das „Hintergrundrauschen" zu reduzieren. In dem Zeitraum nach der Elektrostimulation (Abbildung 3-2 b) konnte eine hohe Aktivität an mehreren Ableitelektroden festgestellt werden. Hier wurde die höchste Aktivität an Elektrode 8 gemessen. Eine Stimulation mit einer anderen Stimulationselektrode (Abbildung 3-2 c; Elektrode 1 stimuliert gegen 4) führte bei Ableitung an der selben Position zu hohen Aktivitäten an Ableitelektrode 6. Ableitelektrode 8, an der im vorherigen Versuch die höchste Aktivität gemessen wurde registriert hier lediglich eine niedrige Antwort. Das spricht dafür, dass die Elektrostimulation mit unterschiedlichen Stimulationselektroden des CI, die an unterschiedlichen Positionen in der Cochlea liegen, auch erfolgreich unterschiedliche Stellen des Hörnervs und damit indirekt unterschiedliche Stellen des AC stimulieren.

In den beiden Messzeiträumen, den 200 ms vor sowie den 200 ms ab Stimulusbeginn, wurden alle registrierten Aktionspotentiale zusammengefasst. Die Summe der Aktionspotentiale vor der Elektrostimulation (siehe Abbildung 3-2 a): Ableitelektrode (EL) 1-7 = 0,00; EL 8 = 2. Die Summe der Aktionspotentiale nach der Elektrostimulation (siehe Abbildung 3-2 b): EL 1 =172; EL 2 =29; EL 3 =123; EL 4 =240; EL 5 =161; EL 6 =167; EL 7 =152; EL 8 =333. Die

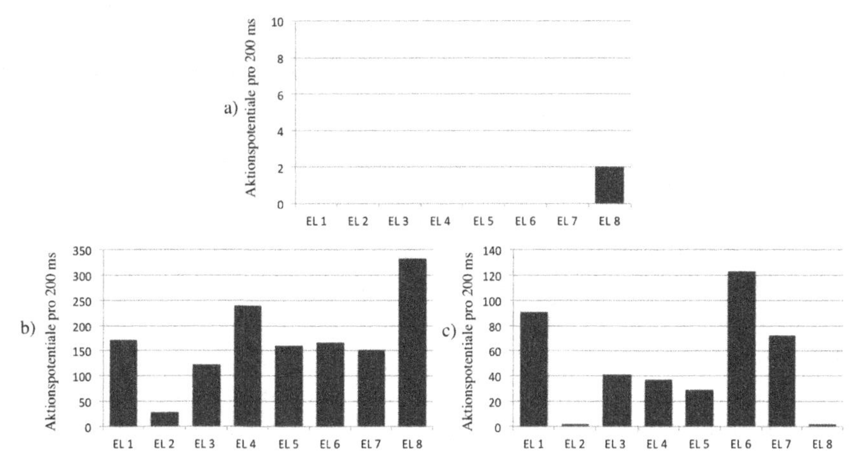

Summe der Aktionspotentiale nach der Elektrostimulation (siehe Abbildung 3-2 c): EL 1 =91; EL 2 =2; EL 3 =41; EL 4 =37; EL 5 =29; EL 6 =123; EL 7 =72; EL 8 =2.

Abbildung 3-2: In a) wird die Aktivität an den acht Ableitelektroden der Multielektrode in den 200 ms vor der Elektrostimulation, durch ein CI, dargestellt (EL1-EL7 = 0,00). In den Abbildungen b) und c) wird die Aktivität an den acht Ableitelektroden in den 200 ms ab Beginn eines 500 mV Elektrostimulus dargestellt, der zwischen den CI-Elektroden 2 und 3 (Abbildung b) bzw. zwischen den CI-Elektroden 4 und 1 (Abbildung c) angelegt wurde.

3.3 Bestimmung der frequenzspezifischen Hörschwelle mittels akustisch evozierter Hirnstammaudiometrie

Die Ergebnisse der frequenzspezifischen Hörschwellenbestimmung wurden für alle Versuchsgruppen sowie für die unbehandelten Versuchstiere mittels ABR ermittelt (Methode siehe Kapitel 2.6).

3.3.1 Hirnstammaudiometrie (ABR) vor und nach einer CI-Implantation

Der in Abbildung 3-3 dargestellte Versuch soll eventuelle Veränderungen der Hörschwelle der normalhörenden Seite darstellen, die durch die einseitige Implantation eines CI verursacht werden. Die Abbildung zeigt die Ergebnisse eines Versuchs, bei dem vor der einseitigen Implantation eines CI (sechs Tiere) und sechs Wochen nach der Implantation (sechs Tiere), ABR vorgenommen wurden. Die präoperativ gemessenen Versuchstiere sind unbehandelt. Dieselben Tiere wurden auch sechs Wochen postoperativ untersucht. Die ermittelten Hörschwellen wurden in der als Verstärkerabschwächung (größere Abschwächung bedeutet besseres Hörvermögen) für zehn Frequenzen von 2 bis 20 kHz, jeweils präoperativ (schwarz) und postoperativ (grau), dargestellt.

Die Daten wurden mit einem T-Test für abhängige Stichproben verglichen. Bei einem Signifikanzniveau von $p<0{,}05$ wird ein signifikanter Unterschied angenommen. Die präoperativ gemessenen mittleren Hörschwellen unterscheiden sich bei keiner der untersuchten Frequenzen signifikant von den postoperativ gemessenen gemittelten Hörschwellen ($p>0{,}16$; bei Signifikanzniveau von $p\leq0{,}05$; T-Test). Die in der Abbildung dargestellten Fehlerbalken zeigen die Standardfehler (SE).

Ergebnisse präoperativ: 2 kHz 81,50 dB (SE ±11,32), 4 kHz 85,33 dB (SE ±5,84), 6 kHz 93,33 dB (SE ±4,55), 8 kHz 97,67 dB (SE ±14,12), 10 kHz 96,83 dB (SE ±10,53), 12 kHz 91,50 dB (SE ±8,27), 14 kHz 87,50 dB (SE ±4,68), 16 kHz 84,17 dB (SE ±6,24), 18 kHz 87,67 dB (SE ±3,35), 20 kHz 93,75 dB (SE ±1,89).

Ergebnisse postoperativ: 2 kHz 86,60 dB (SE ±5,68), 4 kHz 86,83 dB (SE ±3,81), 6 kHz 89,83 dB (SE ±2,91), 8 kHz 97,25 dB (SE ±2,02), 10 kHz 96,17 dB (SE ±5,29), 12 kHz 86,67 dB (SE ±3,67), 14 kHz 90,00 dB (SE ±1,18), 16 kHz 87,50 dB (SE ±4,49), 18 kHz 90,40 dB (SE ±3,28), 20 kHz 98,50 dB (SE ±6,52).

Vergleich präoperativ mit postoperativ mittels T-Test: 2 kHz $p=0{,}699$; 4 kHz $p=0{,}841$; 6 kHz $p=0{,}534$; 8 kHz $p=0{,}982$; 10 kHz $p=0{,}956$; 12 kHz $p=0{,}610$; 14 kHz $p=0{,}647$; 16 kHz $p=0{,}675$; 18 kHz $p=0{,}575$; 20 kHz $p=0{,}582$.

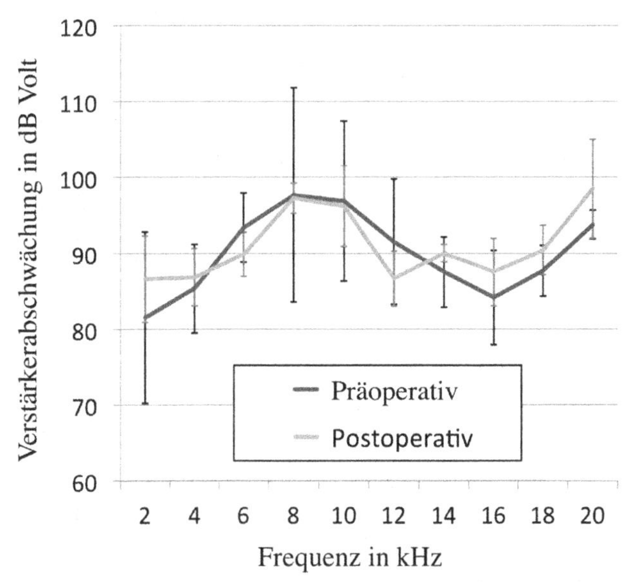

Abbildung 3-3: Hirnstammaudiometrie (ABR) vor und nach CI-Implantation. Es wurde kein signifikanter Unterschied zwischen den Verstärkerabschwächungen (in dB Volt) vor der Operation und sechs Wochen nach der einseitigen Operation festgestellt. Fehlerbalken zeigen die Standardfehler.

3.3.2 Vergleich der Hörschwelle zwischen Versuchsgruppen und Kontrollgruppe

Der in Abbildung 3-4 dargestellte Versuch zeigt die Abweichung der Hörschwellen der drei Versuchsgruppen von der einseitig tauben Kontrollgruppe. Diese Messungen fanden bei den Versuchstieren nach 90 Tagen Elektrostimulation statt. Bei der Kontrollgruppe wurden die Messungen nach Ablauf desselben Zeitraumes durchgeführt. Die Abbildung zeigt bei den stimulierten Versuchstieren im Vergleich zur Kontrollgruppe einen relativen Hörverlust als positiven Wert (wobei die Kontrollgruppe auf Null gesetzt wurde). Die Hörschwelle wurde bei zehn Frequenzen zwischen 2 und 20 kHz bei der Versuchsgruppe MSR bzw. bei neun Frequenzen von 4 bis 20 kHz bei den Versuchsgruppen LSR und HSR untersucht.

Bei diesem statistischen Vergleich mittels T-Test (bzw. U-Test bei nicht Normalverteilten Daten) handelt es sich um einen Dreifachvergleich. Ein Unterschied wird daher ab einem Signifikanzniveau von $p \leq 0{,}0167$ als signifikant (*), ab $p \leq 0{,}0033$ als hochsignifikant (**) und ab $p \leq 0{,}00033$ als hochsignifikant (***) angenommen.

Die Messungen der Versuchsgruppe LSR weichen bei 10 kHz (p=0,011) und 14 kHz (p=0,004) signifikant von der Kontrollgruppe ab. Die Messungen der Versuchsgruppen MSR und HSR unterscheiden sich bei keiner der gemessenen Frequenzen signifikant von der Kontrollgruppe.

LSR (5 Tiere) Änderung gegenüber der Kontrollgruppe (7 Tiere): 4 kHz 15,1 dB (SE ±1,8; p<0,001), 6 kHz 15,5 dB (SE ±8,5; p=0,103), 8 kHz 1,5 dB (SE ±12,4; p=0,888), 10 kHz 23,7 dB (SE ±7,2; p=0,011), 12 kHz 15,4 dB (SE ±10,5; p=0,183), 14 kHz 21,1 dB (SE ±3,8; p=0,004), 16 kHz 14,3 dB (SE ±6,7; p=0,345), 18 kHz 2,9 dB (SE ±11,3; p=0,809), 20 kHz 12,0 dB (SE ±8,1; p=0,187).

MSR (6 Tiere) Änderung gegenüber der Kontrollgruppe (6 Tiere): 2 kHz 3,8 dB (SE ±6,3; p=0,564), 4 kHz 9,2 dB (SE ±6,4; p=0,192), 6 kHz 11,4 dB (SE ±9,7; p=0,289), 8 kHz 8,6 dB (SE ±8,3; p=0,332), 10 kHz 3,2 dB (SE ±5,3; p=0,562), 12 kHz 1,6 dB (SE ±2,9; p=0,590), 14 kHz 1,8 dB (SE ±1,8; p=0,377), 16 kHz −5,5 dB (SE ±5,7; p=0,356), 18 kHz 0,2 dB (SE ±3,4; p=0,963), 20 kHz 5,2 dB (SE ±3,4; p=0,162).

HSR (4 Tiere) Änderung gegenüber der Kontrollgruppe (7 Tiere): 4 kHz 2,0 dB (SE ±8,8; p=0,788), 6 kHz 7,5 dB (SE ±6,5; p=0,272), 8 kHz 2,7 dB (SE ±5,1; p=0,614), 10 kHz 9,2 dB (SE ±6,2; p=0,237), 12 kHz 15,1 dB (SE ±7,8; p=0,094), 14 kHz 2,5 dB (SE ±5,6; p=0,635), 16 kHz 13,1 dB (SE ±6,1; p=0,364), 18 kHz 11,5 dB (SE ±5,9; p=0,218), 20 kHz 6,9 dB (SE ±6,8; p=0,349).

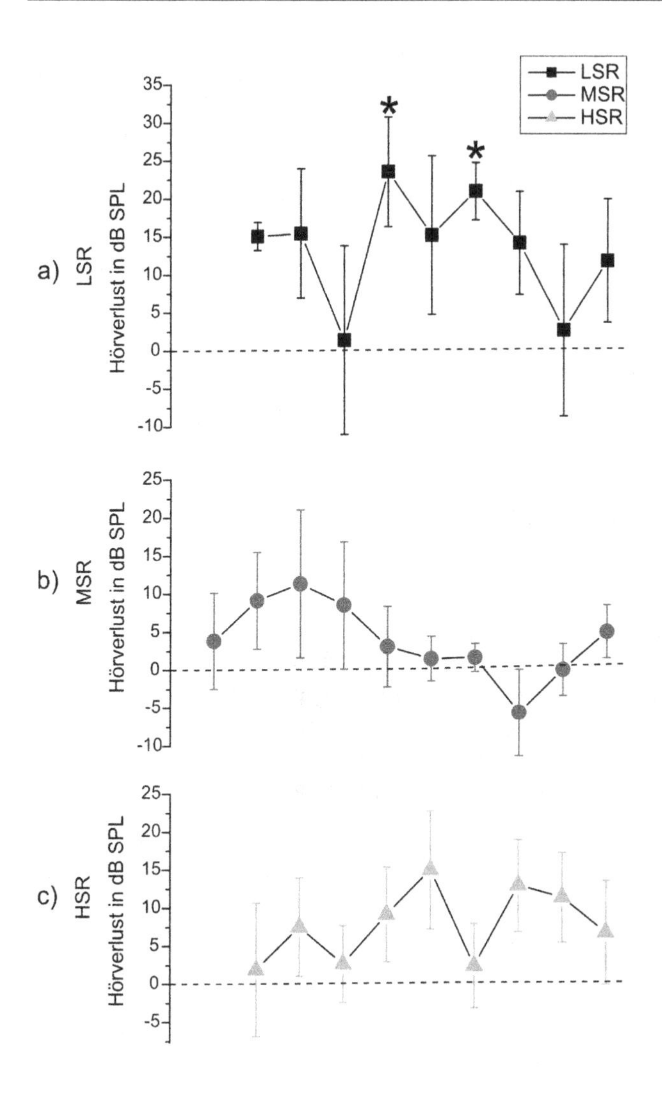

Abbildung 3-4: Durch Hirnstammaudiometrie (ABR) ermittelter Hörverlust in dB SPL der drei Versuchsgruppen relativ zur auf Null gesetzten Kontrollgruppe (gestrichelte Linie) für die neun bzw. zehn untersuchten Frequenzen. Die Ergebnisse der ABR der drei Versuchsgruppen werden in drei Abbildungen dargestellt. Die niedrigste Stimulationsrate (LSR=275 pps/ch, Impulse pro Sekunde pro Kanal) wird in Abb. a), die mittlere Stimulationsrate (MSR=1513 pps/ch) in Abb. b) und die höchste Stimulationsrate (HSR=5156 pps/ch) in Abb. c) dargestellt.

3.4 Einstellungen für die Elektrostimulation

Für die Versuchsgruppen wurden im Mittel während der Stimulation folgende Stimulationsintensitäten in CU (±SE) verwendet (EL=Gesamtanzahl der Stimulationselektroden): LSR (6 Tiere, EL=25) =99,24 (SE ±5,38), MSR (6 Tiere, EL=23) =189,64 (SE ±16,48), HSR (9 Tiere, EL=32) =147,38 (SE ±9,38). Die Stimulationsintensität der Versuchsgruppe LSR unterscheiden sich hochsignifikant (***) von der Versuchsgruppe MSR (p<0,001). Ebenso unterscheiden sich die Stimulationsintensitäten der Versuchsgruppe HSR signifikant (*) von der Versuchsgruppe MSR (p=0,020) und hochsignifikant (***) von der Versuchsgruppe LSR (p<0,001). Aufgrund der vorhandenen normalverteilten Daten wurde dieser Zweifachvergleich mit einem T-Test im Anschluss an einen Ausreißertest durchgeführt.

Abbildung 3-5: Die mittleren Stimulationsintensitäten (in CU; Clinical Unit) der drei Versuchsgruppen, die bei der CI-Anpassung ermittelt wurden, unterscheiden sich signifikant (MSR und HSR) bzw. hochsignifikant (***) (LSR und MSR, LSR und HSR) voneinander.

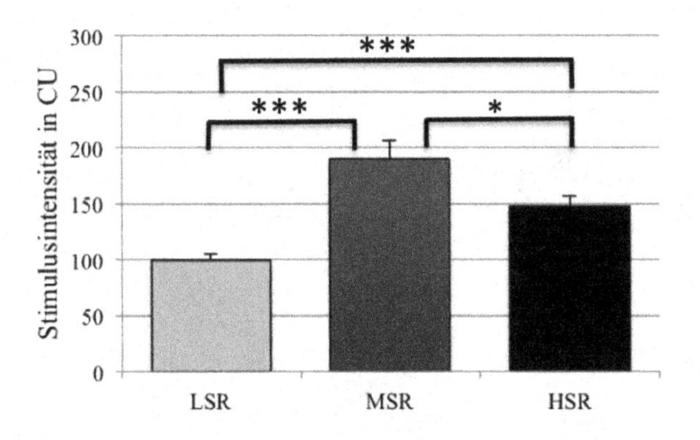

Die Abbildung 3-6 zeigt in ihren drei Abbildungen die mittleren Stimulationsintensitäten der einzelnen Elektroden, getrennt nach den drei Versuchsgruppen mit ihren drei Stimulationsraten. In Abbildung 3-6 a) sind die mittleren Stimulationsintensitäten für die fünf Stimulationselektroden der Versuchsgruppe LSR grafisch dargestellt. Dabei wurden hier im Mittel für die Stimulationselektroden folgende Stimulationsintensitäten in CU(±SE) verwendet: Stimulationselektrode (EL) 1 =78,17 (SE ±12,20; n=6); EL 2 =104,50 (SE ±8,02; n=6); EL 3 =102,67 (SE ±8,93; n=6); EL 4 =110,17 (SE ±12,73; n=6); EL 5 =108,00 (SE ±0,00; n=1).

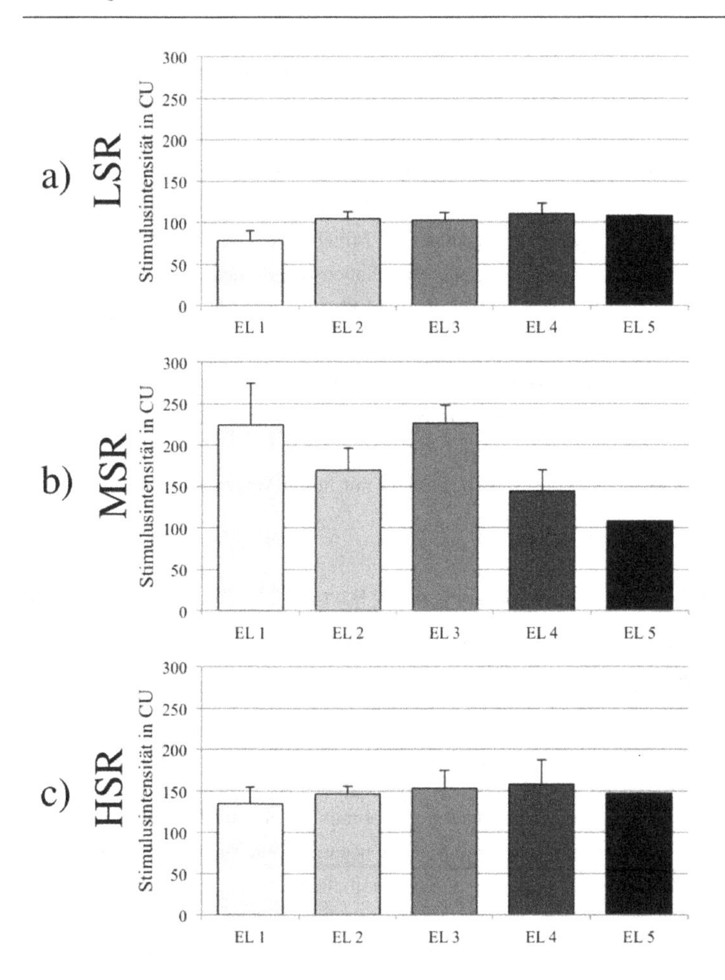

Abbildung 3-6: Die mittleren Stimulationsintensitäten (in CU; Clinical Units) für jede der fünf Stimulationselektroden, die bei der CI-Anpassung für die drei Versuchsgruppen ermittelt wurden. Abbildung a) zeigt die Stimulationsintensitäten der fünf Stimulationselektroden für die Versuchsgruppe mit der niedrigen Stimulationsrate (LSR), Abbildung b) für die Versuchsgruppe mit der mittleren Stimulationsrate (MSR) und Abbildung c) für die Versuchsgruppe mit der hohen Stimulationsrate (HSR). Es wurde kein signifikanter Unterschied zwischen den an den fünf Stimulationselektroden verwendeten Stimulationsintensitäten innerhalb der Versuchsgruppen festgestellt. Der hier dargestellte Standardfehler ist für EL 5 aufgrund der geringen Anzahl von n=1 in keiner der drei Versuchsgruppen vorhanden.

Abbildung 3-6 b) zeigt die mittleren Stimulationsintensitäten für die fünf Stimulationselektroden der Versuchsgruppe MSR. Im Mittel wurden bei der Elektrostimulation folgende Stimulationsintensitäten verwendet: EL 1 =223,80 (SE ±50,29; n=5); EL 2 =169,00 (SE ±26,87; n=6); EL 3 =226,00 (SE ±21,64; n=6); EL 4 =143,75 (SE ±25,33; n=4); EL 5 =108,00 (SE ±0,00; n=1). In Abbildung 3-6 c) werden die mittleren Stimulationsintensitäten der fünf Stimulationselektroden der Versuchsgruppe HSR abgebildet. Im Mittel wurden bei der Elektrostimulation an den Stimulationselektroden folgende Stimulationsintensitäten verwendet: EL 1 =134,38 (SE ±20,08; n=8); EL 2 =146,38 (SE ±9,34; n=8); EL 3 =153,00 (SE ±21,07; n=9); EL 4 =157,67 (SE ±29,20; n=6); EL 5 =147,00 (SE ±0,00; n=1).

Die Stimulationsintensitäten der einzelnen Elektroden wurden statistisch mit einer ANOVA jeweils für eine Versuchsgruppe verglichen. Dabei wurde kein signifikanter unterschied zwischen den Stimulationselektroden 1 bis 4 festgestellt. Die Stimulationselektrode 5 konnte aufgrund ihrer geringen Verwendung (jeweils n=1) nicht mit in die Varianzanalyse einbezogen werden.

3.5 Histologische Zelldichtebestimmung in der Hörbahn

In diesem Versuchsteil werden die Auswirkungen der Elektrostimulation auf die Zelldichten der Hörbahn dargestellt die durch eine einseitige Ertaubung und einseitige Elektrostimulation der tauben Seite in den Versuchstieren ausgelöst werden.

Die Zelldichte in der Hörbahn wird stets als Zelldifferenz pro mm^2 dargestellt und wie folgt berechnet: (mittlere Zellanzahl pro mm^2, der Versuchsgruppe) – (mittlere Zellanzahl pro mm^2 der Kontrollgruppe). Eine positive Zelldifferenz steht somit für eine in der Versuchsgruppe erhöhte Zelldichte gegenüber der Kontrollgruppe. Eine negative Zelldifferenz zeigt eine niedrigere Zelldichte als in der Kontrollgruppe an. Die ermittelten Zelldifferenzen pro mm^2 der einseitig ertaubten und einseitig elektrostimulierten Versuchstiere wurden mit dem gleichen Gebiet der jeweiligen Hemisphäre der einseitig ertaubten, aber nicht elektrostimulierten Kontrollgruppe verglichen. Normalverteilte Daten wurden mit einem T-Test, nicht normalverteilte Daten mit dem Mann-Whitney U-Test untersucht (Siehe auch Methodenteil, Kapitel 2.8).

3.5.1 Dorsaler Nucleus Cochlearis

Für diesen Versuch wurde die Zelldichte in Gehirnschnitten des *Nucleus Cochlearis* bei drei Tieren der Versuchsgruppe LSR, drei Tieren der Versuchsgruppe MSR sowie bei vier Tieren der Versuchsgruppe HSR bestimmt und mit den Ergebnissen der fünf Kontrolltiere (bzw. sechs bei MSR) verglichen. Pro Versuchstier wurden zwischen 10 und 20 Gehirnschnitte angefertigt. Die Gesamtanzahl der Gehirnschnitte pro Versuchsgruppe befindet sich im Anhang (Kapitel 6). Bei den dargestellten Zahlenwerten handelt es sich um die Zelldichtedifferenzen pro mm^2 zwischen den untersuchten Versuchsgruppen und der Kontrollgruppe.

Hoher Frequenzbereich

LSR: In Schicht 1 des HF des DCN, waren die Zelldichtedifferenzen pro mm^2 sowohl auf der elektrisch stimulierten ipsilateralen (2319,6; SE ±186,4; p<0,001) als auch auf der normalhörenden contralateralen Seite (2024,3; SE ±165,4; p<0,001) hochsignifikant (***) gegenüber der Kontrollgruppe erhöht (siehe). Ebenso waren in Schicht 2 die Zelldichten sowohl ipsilateral (4890,7; SE ±393,2; p<0,001) als auch contralateral (2741,0; SE ±350,4; p<0,001) hochsignifikant (***) gegenüber der Kontrollgruppe erhöht. Auch in Schicht 3, der Schicht deren Neurone zum IC projizieren, waren die Zelldichten ipsilateral (4966,0; SE ±353,0; p<0,001) sowie contralateral (2599,6; SE ±221,7; p<0,001) hochsignifikant (***) erhöht gegenüber der Kontrollgruppe.

MSR: In Schicht 1 liegt im HF ipsilateral (−300,0; SE ±85,5; p=0,001) ein hochsignifikanter (**) und contralateral (−482,4; SE ±101,3; p<0,001) ein hochsignifikanter (***) Zellverlust gegenüber der Kontrollgruppe vor. In Schicht 2 besteht ebenfalls sowohl ipsilateral (−1306,8; SE ±197,6; p<0,001) als auch contralateral (−1245,4; SE ±211,2; p<0,001) ein hochsignifikanter (***) Zellverlust gegenüber der Kontrollgruppe. In Schicht 3 fand sich auf der ipsilateralen Seite (−106,8; SE ±114,7; p=0,306) kein signifikanter Unterschied zu der Zelldichte der Kontrollgruppe. Auf der contralateralen Seite (−428,0; SE ±111,6; p=0,001) wurde ein hochsignifikanter (**) Zellverlust gegenüber der Kontrollgruppe festgestellt.

HSR: In Schicht 1 ließ sich im HF ipsilateral (111,9; SE ±102,9; p=0,286) kein signifikanter Zellverlust gegenüber der Kontrollgruppe feststellen. Contralateral (−297,2; SE ±102,9; p=0,007) liegt dagegen ein signifikanter Zellverlust vor. In Schicht 2 der Versuchsgruppe konnte weder ipsilateral (452,9; SE ±369,0; p=0,233) noch contralateral (−429,2; SE ±345,2; p=0,222) ein signifikanter Unterschied zur Kontrollgruppe nachgewiesen werden. Demgegenüber wurde in Schicht 3 auf der ipsilateralen Seite (515,1; SE ±135,7; p=0,001) ein hochsignifikanter (**) Unterschied zu der Zelldichte der Kontrollgruppe gefunden. Auch auf der contralateralen Seite (−466,3; SE ±120,5; p<0,001) wurde ein hochsignifikanter (***) Zellverlust gegenüber der Kontrollgruppe beobachtet.

Mittlerer Frequenzbereich

LSR: In Schicht 1 des MF waren die Zelldichten sowohl auf der ipsilateralen (2795,5; SE ±192,5; p<0,001) als auch auf der contralateralen Seite (2143,4; SE ±183,8; p<0,001) hochsignifikant (***) gegenüber der Kontrollgruppe erhöht. In Schicht 2 waren die Zelldichten auf der ipsilateralen Seite (4267,6; SE ±489,5; p<0,001) hochsignifikant (***) gegenüber der Kontrollgruppe erhöht, wohingegen auf der contralateralen Seite (−642,2; SE ±466,4; p=0,280) kein signifikanter Unterschied nachgewiesen wurde. In Schicht 3 waren die Zelldichten sowohl ipsilateral (6337,7; SE ±309,2; p<0,001) als auch contralateral (2703,6; SE ±200,5; p<0,001) hochsignifikant (***) erhöht gegenüber der Kontrollgruppe.

MSR: In Schicht 1 liegt im MF ipsilateral (−246,1; SE ±98,1; p=0,016) ein signifikanter und contralateral (−527,3; SE ±95,4; p<0,001) ein hochsignifikanter (***) Zellverlust gegenüber der Kontrollgruppe vor. In Schicht 2 der Versuchsgruppe besteht sowohl ipsilateral (−1301,9; SE ±224,5; p<0,001) als auch contralateral (−1572,9; SE ±228,7; p<0,001) ein hochsignifikanter (***) Zellverlust gegenüber der Kontrollgruppe. In Schicht 3 wurde auf der ipsilateralen Seite (95,2; SE ±104,9; p=0,327) kein signifikanter Unterschied zu der Zelldichte der Kontrollgruppe gefunden. Auf der contralateralen Seite (−358,5; SE ±107,8; p=0,001) wurde ein hochsignifikanter (**) Zellverlust gegenüber der Kontrollgruppe festgestellt.

HSR: Im MF ist auf der ipsilateralen Seite (358,1; SE ±122,3; p=0,018) lediglich eine Tendenz (p=0,018 U-Test, Dreifachvergleich) zu einer höheren Zelldichte festgestellt worden, die jedoch statistisch nicht signifikant ist. Auf der contralateralen Seite (−39,5; SE ±131,7; p=0,766) wurde kein signifikanter Zellverlust gegenüber der Kontrollgruppe gefunden. In Schicht 2 wurde auf der ipsilateralen Seite (822,8; SE ±242,0; p=0,003) eine hochsignifikant (**) höhere Zelldichte im Vergleich zur Kontrollgruppe, festgestellt. Auf der contralateralen Seite (−106,9; SE ±336,8; p=0,753) ergab sich kein signifikanter Unterschied zur Kontrollgruppe. In Schicht 3 wurde auf der ipsilateralen Seite (900,4; SE ±173,0; p<0,001) eine hochsignifikant (***) höhere Zelldichte als bei der Kontrollgruppe nachgewiesen. Auf der contralateralen Seite (−325,3; SE ±116,2; p=0,007) zeigte sich ein signifikanter Zellverlust gegenüber der Kontrollgruppe.

Tiefer Frequenzbereich

LSR: Im TF, dem Frequenzbereich, der räumlich in der größten Entfernung zu dem Ort der Elektrostimulation liegt, wurde sowohl auf der elektrisch stimulierten ipsilateralen (3216,2; SE ±182,6; p<0,001) als auch auf der normalhörenden contralateralen Seite (2660,5; SE ±171,2; p<0,001) eine hochsignifikant (***) höhere Zelldichte gegenüber der Kontrollgruppe festgestellt. In Schicht 2 waren die Zelldichten der ipsilateralen (5963,5; SE ±485,8; p<0,001) wie der contralateralen Seite (2330,6; SE ±380,8; p<0,001) hochsignifikant (***) gegenüber der Kontrollgruppe erhöht. In Schicht 3 waren die Zelldichten ebenfalls sowohl ipsilateral (6032,7, SE ±234,2; p<0,001) als auch contralateral (3447,2; SE ±234,2; p<0,001) hochsignifikant (***) erhöht gegenüber der Kontrollgruppe.

MSR: In Schicht 1 liegt im TF ipsilateral (−194,4; SE ±123,2; p=0,131) kein signifikanter, jedoch contralateral (−494,8; SE ±114,3; p<0,001) ein hochsignifikanter (***) Zellverlust gegenüber der Kontrollgruppe vor. In Schicht 2 der Versuchsgruppe wurde sowohl ipsilateral (−1760,5; SE ±287,6; p<0,001) als auch contralateral (−1653,0; SE ±279,0; p<0,001) ein hochsignifikanter (***) Zellverlust gegenüber der Kontrollgruppe festgestellt. In Schicht 3 konnte weder auf der ipsilateralen (22,4; SE ±119,5; p=0,839) noch auf der contralateralen Seite (−252,1; SE ±118,3; p=0,056) ein signifikanter Unterschied zur Zelldichte der Kontrollgruppe nachgewiesen werden.

HSR: In Schicht 1 zeigte sich weder auf der ipsilateralen (91,9; SE ±131,1; p=0,492) noch auf der contralateralen Seite (−74,8; SE ±120,3; p=0,524) ein signifikanter Unterschied zur Kontrollgruppe. In Schicht 2 liegt ebenfalls weder auf der ipsilateralen Seite (845,1; SE ±421,9; p=0,062) noch auf der contralateralen Seite (−470,7; SE ±312,8; p=0,142) ein signifikanter Unterschied in der Zelldichte zur Kontrollgruppe vor. In Schicht 3 wurde auf der ipsilateralen Seite (1169,3; SE ±232,6; p<0,001) eine hochsignifikant (***) höhere Zelldichte als bei der Kontrollgruppe festgestellt, demgegenüber ließ sich auf der contralateralen Seite (−147,5; SE ±113,4; p=0,202) kein signifikanter Unterschied zur Kontrollgruppe nachweisen.

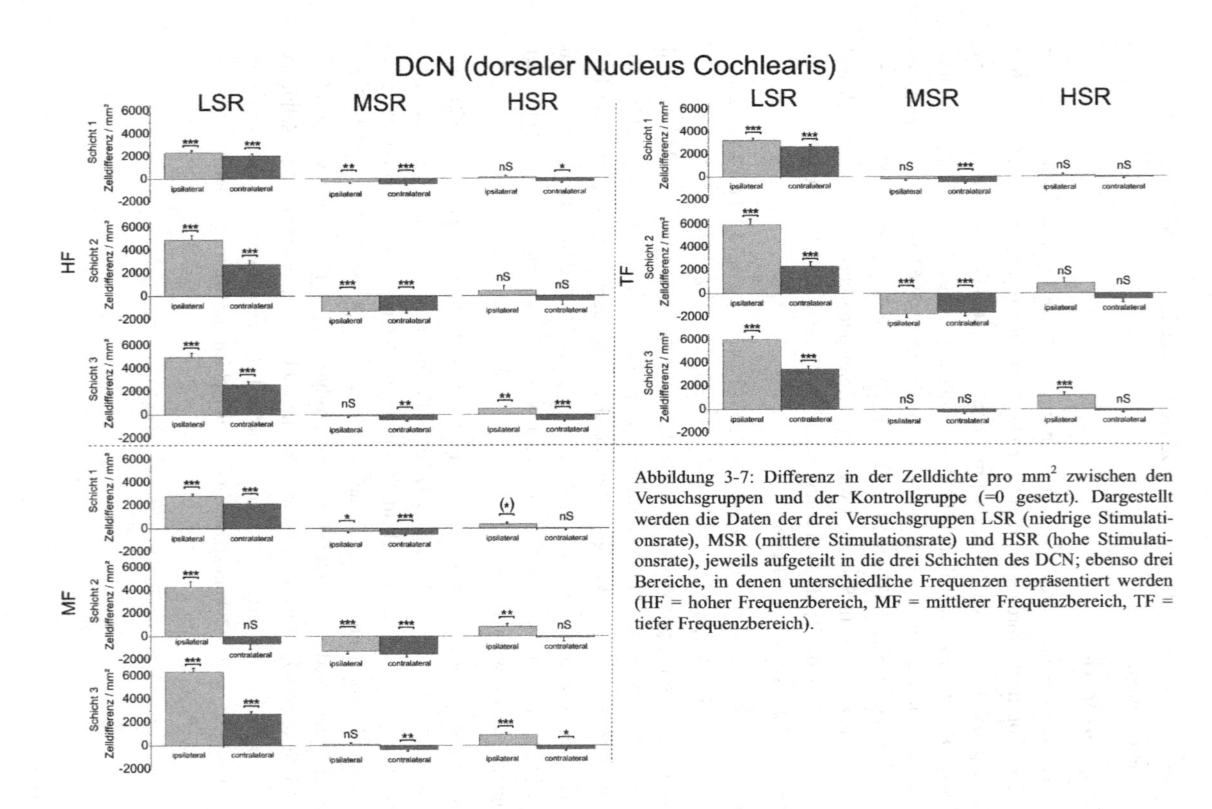

Abbildung 3-7: Differenz in der Zelldichte pro mm^2 zwischen den Versuchsgruppen und der Kontrollgruppe (=0 gesetzt). Dargestellt werden die Daten der drei Versuchsgruppen LSR (niedrige Stimulationsrate), MSR (mittlere Stimulationsrate) und HSR (hohe Stimulationsrate), jeweils aufgeteilt in die drei Schichten des DCN; ebenso drei Bereiche, in denen unterschiedliche Frequenzen repräsentiert werden (HF = hoher Frequenzbereich, MF = mittlerer Frequenzbereich, TF = tiefer Frequenzbereich).

Die Zelldichte im DCN wurde für Abbildung 3-8 a) untersucht und dargestellt. Dafür wurden die drei Schichten des DCN für die drei unterschiedlichen Frequenzbereiche addiert (z.B. Schicht 1, 2 und 3 des HF aus Versuchsgruppe LSR) und mit demselben Bereich der Kontrollgruppe verglichen. Um eine Zelldichte von drei Schichten zu erhalten, wurde sowohl die Zellanzahl als auch die jeweilige Fläche der drei zu addierenden Schichten in die Berechnung mit einbezogen. Dargestellt sind im folgenden die Mittelwerte der Zelldichte, der Standardfehler (SE) sowie das Ergebnis des statistischen Vergleiches als p-Wert.

LSR: Sowohl auf der ipsilateralen (4590,8; SE ±253,9; p<0,001) wie auch auf der contralateralen Seite (2528,6; SE ±195,9; p<0,001) des HF wurde eine hochsignifikant (***) höhere Zelldichte gegenüber der Kontrollgruppe festgestellt. Auf der ipsilateralen (5283,0; SE ±214,8; p<0,001) wie auf der contralateralen Seite (2019,5; SE ±201,1; p<0,001) zeigte sich im MF eine hochsignifikant (***) höhere Zelldichte als in der Kontrollgruppe. Im TF ließ sich bei der Versuchsgruppe LSR sowohl auf der ipsilateralen (5383,3; SE ±237,5; p<0,001) als auch auf der contralateralen Seite (3075,2; SE ±194,2; p<0,001) eine hochsignifikant (***) höhere Zelldichte zeigen.

MSR: Im HF wurde ipsilateral (−282,7; SE ±93,9; p=0,005) ein signifikanter Zellverlust gegenüber der Kontrollgruppe festgestellt, contralateral (−563,8; SE ±94,2; p<0,001) ein hochsignifikanter (***) Zellverlust gegenüber der Kontrollgruppe. Im MF wurde ipsilateral (−127,2; SE ±107,8; p=0,837) kein signifikanter Unterschied in der Zelldichte zwischen Versuchsgruppe und Kontrollgruppe beobachtet. Auf der contralateralen Seite (−558,5; SE ±103,2; p<0,001) liegt dagegen ein hochsignifikanter (***) Zellverlust vor. Die Zelldichte im TF unterscheidet sich ipsilateral (−264,5; SE ±120,7; p=0,109) nicht signifikant von der Kontrollgruppe. Contralateral (−509,4; SE ±115,2; p<0,001) findet sich jedoch ein hochsignifikanter (***) Zellverlust gegenüber der Kontrollgruppe.

HSR: Im HF ließ sich ipsilateral (427,7; SE ±133,8; p=0,005) eine signifikant höhere Zelldichte als bei der Kontrollgruppe zeigen. Contralateral (−415,6; SE ±128,7; p=0,002) liegt hingegen ein hochsignifikanter (**) Zellverlust gegenüber der Kontrollgruppe vor. Im MF wurde auf der ipsilateralen Seite (615,2; SE ±185,9; p=0,001) eine hochsignifikant (**) erhöhte Zelldichte nachgewiesen. Contralateral (−230,6; SE ±128,8; p=0,074) liegt hingegen ein statistisch nicht signifikanter Zellverlust vor. Im TF wurde auf der ipsilateralen Seite (906,1; 137,7; p<0,001) eine hochsignifikant (***) erhöhte Zelldichte festgestellt. Contralateral (−194,5; 129,2; p=0,129) unterscheidet sich die Zelldichte nicht signifikant von der Kontrollgruppe.

Für die dritte Auswertung des DCN wurden jeweils dieselben Schichten der drei Frequenzbereiche bei den drei Versuchsgruppen addiert (z.B. HF Schicht 1, MF Schicht 1 und TF Schicht 1 der Versuchsgruppe LSR) und mit denselben Bereichen der Kontrollgruppe verglichen (siehe Abbildung 3-8 b). Um eine gemeinsame Zelldichte zu erhalten, wurde sowohl die Zellanzahl als auch die jeweilige Fläche der drei zu addierenden Schichten in die Berechnung mit einbezogen.

LSR: Die Addition der Schicht 1 aus den drei Frequenzbereichen ergibt sowohl für die ipsilaterale (2861,7; SE ±150,5; p<0,001) als auch für die contralaterale Seite (2300,3; SE ±128,4; p<0,001) eine hochsignifikant (***) höhere Zelldichte gegenüber der Kontrollgruppe. Für Schicht 2 ergibt die Addition der drei Bereiche ebenfalls sowohl ipsilateral (5050,3; SE ±270,4; p<0,001) als auch contralateral (1427,2; SE ±312,6; p<0,001) eine hochsignifikant (***) höhere Zelldichte (gegenüber der Kontrollgruppe). Auch für Schicht 3 zeigte sich für die ipsilaterale (6047,9; SE ±175,5; p<0,001) wie für die contralaterale Seite (2968,0; SE ±185,7; p<0,001) eine hochsignifikant (***) höhere Zelldichte gegenüber der Kontrollgruppe.

MSR: Bei Schicht 1 konnte ipsilateral (−89,8; SE ±82,7; p=0,285) kein signifikanter Unterschied zur Kontrollgruppe festgestellt werden. Contralateral (−505,5; SE ±92,8; p<0,001) liegt jedoch eine hochsignifikant (***) niedrigere Zelldichte als bei der Kontrollgruppe vor. In Schicht 2 wurde sowohl auf der ipsilateralen (−1220,5; SE ±190,1; p<0,001) wie auch auf der contralateralen Seite (−1367,2; SE ±195,0; p<0,001) ein hochsignifikanter (***) Zellverlust im Vergleich zur Kontrollgruppe beobachtet. In der ipsilateralen Schicht 3 (34,2; SE ±86,8; p=0,646) liegt kein signifikanter Unterschied, contralateral (−307,8; SE ±97,8; p=0,001) dagegen ein hochsignifikanter (**) Zellverlust gegenüber der Kontrollgruppe vor.

HSR: Weder in der ipsilateralen (187,3; SE ±89,0; p=0,048) noch in der contralateralen (−115,9; SE ±107,6; p=0,278) Schicht 1 des DCN wurde ein signifikanter Unterschied zur Kontrollgruppe festgestellt. Gleichwohl zeigten sich in Schicht 2 weder auf der ipsilateralen (510,8; SE ±342,2; p=0,154) noch auf der contralateralen Seite (−335,6; SE ±275,4; p=0,222) signifikante Unterschiede zur Kontrollgruppe. Auf der ipsilateralen Seite (830,5; SE ±136,5; p<0,001) in Schicht 3 aber gab es eine hochsignifikant (***) höhere, auf der contralateralen Seite (−313,0; SE ±107,3; p=0,005) eine signifikant niedrigere Zelldichte.

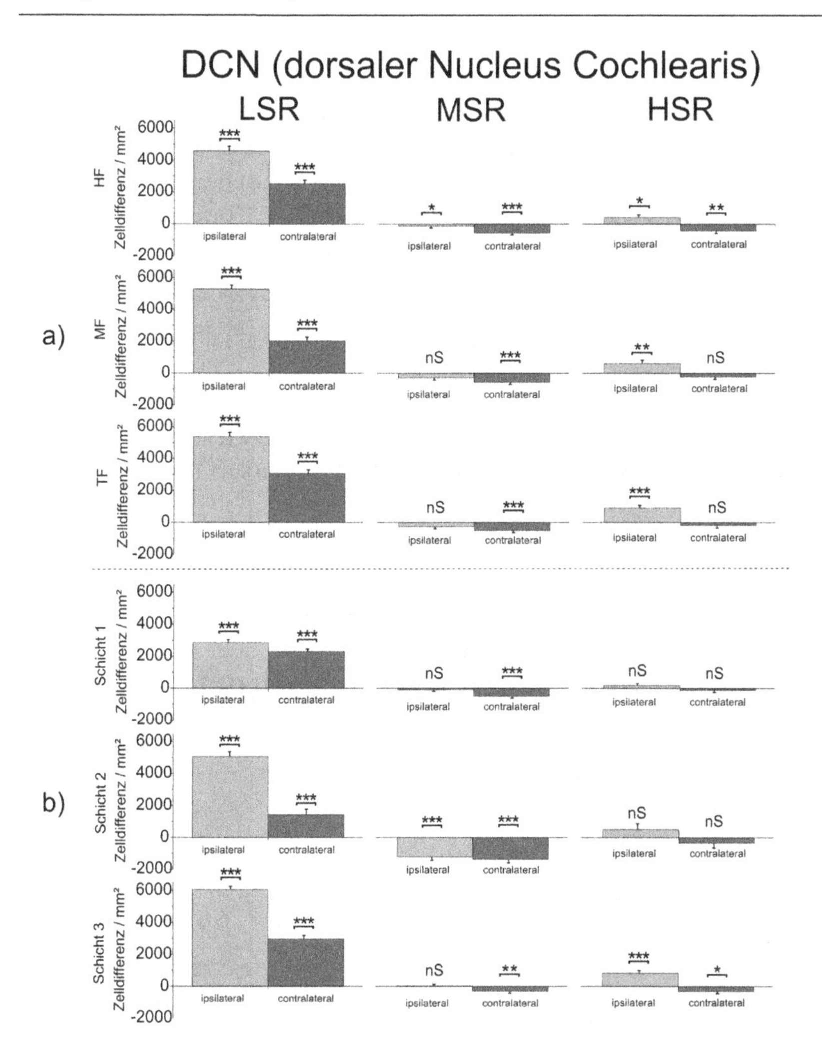

Abbildung 3-8: Die Differenz in der Zelldichte pro mm2 zwischen den Versuchsgruppen und der Kontrollgruppe (=0 gesetzt). Dargestellt werden die Daten der drei Versuchsgruppen LSR (niedrige Stimulationsrate), MSR (mittlere Stimulationsrate) und HSR (hohe Stimulationsrate), drei Bereiche, in denen unterschiedliche Frequenzen repräsentiert werden (Abbildung a) (HF= hoher Frequenzbereich, MF= mittlerer Frequenzbereich, TF= tiefer Frequenzbereich) und aufgeteilt in die drei Schichten des DCN (Abbildung b).

3.5.2 IC

Für diesen Versuch wurde die Zelldichte in Gehirnschnitten des IC bei drei Tieren der Versuchsgruppe LSR, drei Tieren der Versuchsgruppe MSR sowie drei Tieren der Versuchsgruppe HSR bestimmt und mit den Ergebnissen der sechs Kontrolltiere verglichen (siehe Abbildung 3-9). Pro Versuchstier wurden 10-20 Gehirnschnitte angefertigt. Die Gesamtanzahl der Gehirnschnitte pro Versuchsgruppe beträgt 60 (siehe Anhang Kapitel 6).

LSR: Auf der ipsilateralen Seite (2075,1; SE ±109,2; p<0,001) wie auch auf der contralateralen Seite (1917,9; SE ±109,2; p<0,001) eine hochsignifikant (***) höhere Zelldichte als bei der Kontrollgruppe festgestellt.

MSR: In der Versuchsgruppe MSR konnte auf der ipsilateralen Seite (503,2; SE ±64,5; p<0,001) eine hochsignifikant (***) höhere Zelldichte gegenüber der Kontrollgruppe festgestellt werden. Auf der contralateralen Seite (644,5; SE ±77,5; p<0,001) fand sich ebenfalls eine hochsignifikant (***) höhere Zelldichte.

HSR: In der Versuchsgruppe HSR wurde auf der ipsilateralen Seite (26,1; SE ±60,2; p=0,666) des IC kein signifikanter Unterschied zur Kontrollgruppe nachgewiesen. Auf der contralateralen Seite (635,7; SE ±68,5; p<0,001) jedoch ist die Zelldichte hochsignifikant (***) erhöht.

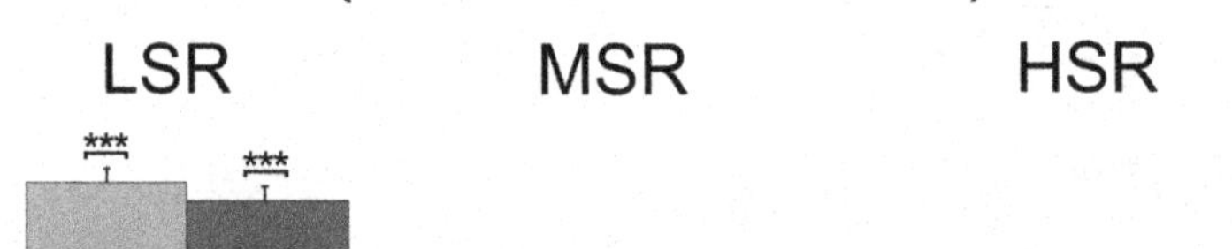

Abbildung 3-9: Differenz in der Zelldichte pro mm2 zwischen den Versuchsgruppen und der Kontrollgruppe des IC.

3.5.3 MGB

Für diesen Versuch wurde die Zelldichte in Gehirnschnitten des MGB bei drei Tieren der Versuchsgruppe LSR, drei Tieren der Versuchsgruppe MSR sowie drei Tieren der Versuchsgruppe HSR bestimmt und mit den Ergebnissen der sechs Kontrolltiere verglichen. Pro Versuchstier wurden bis zu 20 Gehirnschnitte angefertigt. Die Gesamtanzahl der Gehirnschnitte pro Versuchsgruppe beträgt 59 bis 60 (siehe Anhang Kapitel 6). Der MGB erhält seinen Eingang vom IC der ipsilateralen Seite sowie zum Teil auch vom IC der contralateralen Seite. Die möglicherweise von der Elektrostimulation beeinflusste Seite ist daher zum großen Anteil die contralaterale Seite und lediglich zu einem kleinen Teil die ipsilaterale. Die Ergebnisse werden auf Abbildung 3-10 dargestellt.

LSR: Es wurde sowohl ipsilateral (1735,4; SE ±98,3; p<0,001) als auch contralateral (929,5; SE ±84,9; p<0,001) eine hochsignifikant (***) höhere Zelldichte gegenüber der Kontrollgruppe festgestellt (siehe Abbildung 3-10).

MSR: Bei der Versuchsgruppe MSR fand sich ipsilateral (−15,2; SE ±65,2; p=0,816) kein signifikanter Unterschied gegenüber der Kontrollgruppe. Contralateral (−212,6; SE ±60,5; p=0,001) war ein hochsignifikanter (**) Zellverlust gegenüber der Kontrollgruppe zu beobachten.

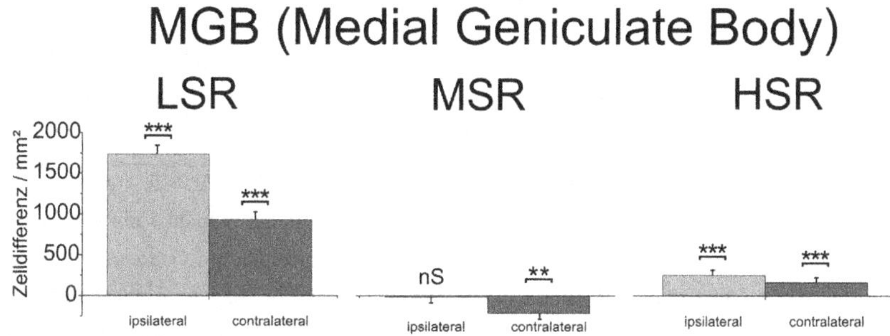

Abbildung 3-10: Differenz in der Zelldichte pro mm2 zwischen den Versuchsgruppen und der Kontrollgruppe des MGB.

HSR: In dieser Versuchsgruppe zeigte sich ipsilateral (253,2; SE ±39,0; p<0,001) eine hochsignifikant (***) höhere Zelldichte als bei der Kontrollgruppe. Die Zelldichte auf der contralateralen Seite (164,5; SE ±36,5; p<0,001) war hochsignifikant (***) erhöht.

3.5.4 Auditorischer Cortex

Für diesen Versuch wurde die Zelldichte in Gehirnschnitten des AC bei drei Tieren der Versuchsgruppe LSR, drei Tieren der Versuchsgruppe MSR sowie drei Tieren der Versuchsgruppe HSR bestimmt und mit den Ergebnissen der sechs Kontrolltiere verglichen. Pro Versuchstier wurden zwischen zehn und zwanzig Gehirnschnitte angefertigt. Die Gesamtanzahl der Gehirnschnitte pro Versuchsgruppe befindet sich im Anhang (Kapitel 6). Der auditorische Cortex besteht aus sechs Schichten. Er erhält Eingang von dem AC der contralateralen Hemisphäre, ebenso vom MGB der ipsilateralen Hemisphäre, in Schicht 4.

LSR: Hier wurden sowohl auf der ipsilateralen (935,0, SE ±77,4; p<0,001) wie auch auf der contralateralen Seite (474,8; SE ±67,0; p<0,001) der Schicht 1 hochsignifikant (***) höhere Zelldichten als bei der Kontrollgruppe festgestellt (siehe Abbildung 3-11). In Schicht 2 zeigten sich sowohl auf der ipsilateralen (1659,2; SE ±107,5; p<0,001) als auch auf der contralateralen Seite (881,7; SE ±87,5; p<0,001) hochsignifikant (***) höhere Zelldichten als bei der Kontrollgruppe. In Schicht 3 ließen sich ipsilateral (1616,7; SE ±137,2; p<0,001) wie auch auf der contralateralen Seite (1127,4; SE ±88,3; p<0,001) hochsignifikant (***) höhere Zelldichten als bei der Kontrollgruppe nachweisen. Dies zeigte sich auch in Schicht 4, wo sowohl ipsilateral (497,0; SE ±85,5; p<0,001) als auch contralateral (474,8; SE ±69,1; p<0,001) hochsignifikant (***) höhere Zelldichten als bei der Kontrollgruppe vorhanden waren. Sowohl auf der ipsilateralen (1075,4; SE ±110,2; p<0,001) als auch auf der contralateralen Seite (460,4; SE ±82,1; p<0,001) der Schicht 5 wurden hochsignifikant (***) höhere Zelldichten gegenüber der Kontrollgruppe festgestellt. In Schicht 6 wurden sowohl auf der ipsilateralen (2316,8; SE ±96,4; p<0,001) als auch auf der contralateralen Seite (1180,8; SE ±72,7; p<0,001) hochsignifikant (***) höhere Zelldichten nachgewiesen .

MSR: In dieser Versuchsgruppe wurde auf der ipsilateralen (−207,1; SE ±45,7; p<0,001) wie auch auf der contralateralen Seite (−235,1; SE ±45,1; p<0,001) der Schicht 1 ein hochsignifikanter (***) Zellverlust gegenüber der Kontrollgruppe festgestellt. Im Gegensatz dazu ließ sich in Schicht 2 ipsilateral (−89,2; SE ±65,7; p=0,181) kein signifikanter Unterschied nachweisen, während contralateral (−186,7; SE ±64,2; p=0,005) ein hochsignifikanter (**) Zellverlust gegenüber der Kontrollgruppe existiert. In Schicht 3 wurde sowohl auf der ipsilateralen (−659,3; SE ±56,5; p<0,001) als auch auf der contralateralen Seite (−652,1; SE ±55,3; p<0,001) ein hochsignifikanter (***) Zellverlust festgestellt. Die ipsilaterale Seite (−5,2; SE ±70,3; p=0,477) der Schicht 4 zeigt keinen signifikanten Unterschied zur Kontrollgruppe. Auf der contralateralen Seite (−297,9; SE ±51,7; p<0,001) liegt ein hochsignifikanter (***) Zellverlust vor. In Schicht 5 wurden sowohl auf der ipsilateralen (−559,9; SE ±77,2; p<0,001) als auch auf der contralateralen Seite (−749,4; SE ±59,3; p<0,001) hochsignifikante (***) Zellverluste gegenüber der Kontrollgruppe festgestellt. Auf der ipsilateralen Seite (294,5; SE ±89,7; p=0,002) der Schicht 6 zeigte sich eine hochsignifikant (**) höhere Zelldichte als in der Kontrollgruppe, contralateral (−328,7; SE ±71,0; p<0,001) demgegenüber ein hochsignifikanter (***) Zellverlust.

HSR: In dieser Versuchsgruppe wurde in Schicht 1 weder auf der ipsilateralen (40,5; SE ±45,5; p=0,388) noch auf der contralateralen Seite (−45,5; SE ±40,3; p=0,529) ein signifikanter Unterschied zur Kontrollgruppe festgestellt. In Schicht 2 lag weder auf der ipsilateralen (118,2; SE ±68,6; p=0,090) noch auf der contralateralen Seite (13,3; SE ±71,7; p=0,854) ein signifikanter Unterschied zur Kontrollgruppe vor. Auf der ipsilateralen Seite (208,0; SE ±60,9; p=0,001) der Schicht 3 wurde eine hochsignifikant (**) höhere Zelldichte als bei der Kontrollgruppe festgestellt, contralateral (152,2; SE ±58,4; p=0,011) eine signifikant höhere Zelldichte als bei der Kontrollgruppe. In Schicht 4 wurde weder auf der ipsilateralen (−75,1; SE ±51,1; p=0,147) noch auf der contralateralen Seite (−110,8; SE ±56,4; p=0,058) ein signifikanter Unterschied zur Kontrollgruppe nachgewiesen. Auf der ipsilateralen (−34,2; SE ±61,3; p=0,578) wie auch auf der contralateralen Seite (−74,9; SE ±50,5; p=0,142) der Schicht 5 bestanden keine signifikanten Unterschiede zur Kontrollgruppe. In Schicht 6 zeigten sich weder auf der ipsilateralen (61,5; SE ±81,5; p=0,504) noch auf der contralateralen Seite (−111,4; SE ±81,6; p=0,175) signifikante Unterschiede zur Kontrollgruppe.

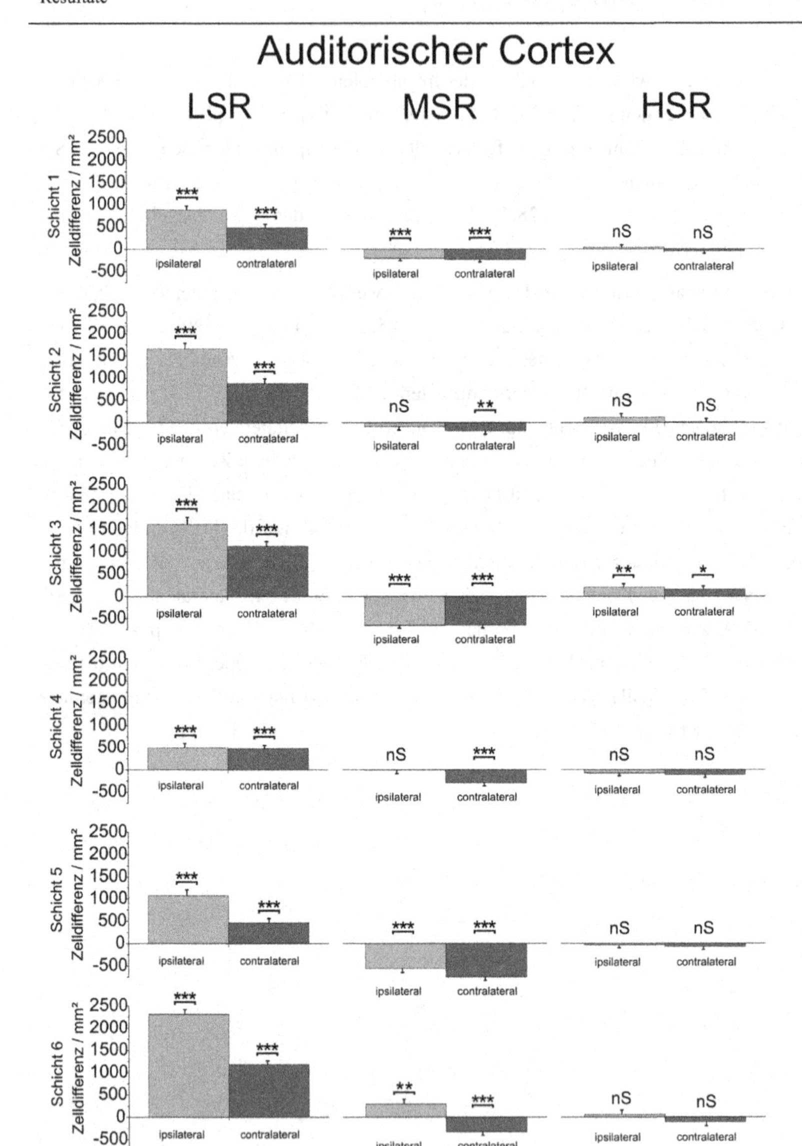

Abbildung 3-11: Die Differenz in der Zelldichte pro mm2 zwischen den drei Versuchsgruppen und der Kontrollgruppe in den sechs Schichten des AC.

4 Diskussion

In der vorliegenden Arbeit wurde gezeigt, dass die intracochleäre Elektrostimulation mit einem Cochlea-Implantat die aufsteigende Hörbahn von einseitig tauben Meerschweinchen langfristig beeinflusst. Die Auswirkungen sind in fast allen untersuchten auditorischen Hirnarealen bilateral feststellbar und treten unabhängig von der Stimulationsrate auf. Demgegenüber hat die Stärke des Stimulationsstromes sehr wohl einen Einfluss auf die Struktur und Funktion der zentralen Hörbahn.

Bei der Implantation des CI in die ipsilaterale Cochlea wurde die Cochlea wie erwartet beschädigt. Die Lymphen der drei Scalen vermischten sich und führten so auch zu einem Verlust an Haarsinneszellen und einem vollständigen Hörverlust dieses Ohres. Wie von Studien (Hardie und Shepherd, 1999; Larsen und Liberman, 2010) gezeigt wurde, verbleibt die andere Cochlea normalhörend. Bei einseitiger Implantation eines CI in die Cochlea der tauben Seite und gleichzeitiger Präsenz eines normalhörenden contralateralen Ohres kommt es zu gleichzeitiger elektrischer und akustischer Stimulation und damit verbundenen zu unterschiedlichen Signalweiterleitungen der beiden Ohren. Bei einer derartigen Stimulation, aber auch bei einer bimodalen Versorgung (einseitig CI, einseitig Hörgerät) zeigt das Gehirn die Fähigkeit zu plastischen Veränderungen. Dabei kommt es zu Unterschieden in der Tonotopie und der Laufzeit zwischen den unterschiedlich stimulierten Ohren. Die beiden unterschiedlichen Sinneseindrücke erreichen die neuronalen Strukturen nicht simultan. Die elektrische Information trifft zuerst ein, da die mechanische und synaptische Übertragung über IHC und SGZ entfällt. Die neuronalen Strukturen sind für eine entsprechende Verarbeitung nicht prädisponiert, da das adulte auditorische System auf zwei normalhörende Ohren ausgelegt ist. Die unterschiedliche Laufzeitdifferenz zwischen akustischer und elektrischer Stimulation durch ein CI kann vom menschlichen CI-Träger ausgeglichen werden (Francart et al., 2009). Außerdem ist eine interne Kompensation durch das CI möglich (Francart et al., 2009). Dadurch führt eine einseitige CI-Implantation ebenso wie eine einseitige Hörgeräteversorgung zu einem verbesserten Richtungshören bei einseitiger Taubheit (Hassepass et al., 2013; Távora-Vieira et al., 2014). Das kann durch eine Untersuchung bestätigt werden, bei der die akustischen ITD zur Schalllokalisation genutzt werden konnten, sogar wenn die Frequenzen um mehrere Oktaven variierten (Blanks et al., 2007). Auch bei Patienten mit bimodaler Versorgung (Hörgerät und CI) oder mit beidseitigem CI wurde in den meisten Fällen ein Vorteil gegenüber monoauraler Versorgung festgestellt (Ching et al., 2007). In der vorliegenden Arbeit wurde nicht das bimodale Hörvermögen sondern lediglich das Hörvermögen der normalhörenden Seite getestet, jedoch konnte in einer Studie gezeigt werden (Vollmer et al., 2010), dass es bei einseitiger CI-

Implantation einseitig tauber Meerschweinchen zu einer Verbesserung des Hörvermögens gegenüber einseitiger akustischer wie auch einseitiger elektrischer Stimulation kommt.

Dabei ist unbekannt, wie die unterschiedlichen Sinneseindrücke gewichtet werden, ob ein Sinneseindruck dominiert oder ob beide kombiniert werden. Eine sensorische Dominanz wurde z.B. im visuellen System von Vögeln gezeigt (Voss und Bischof, 2003).

Für die Übertragung der Ergebnisse auf CI-Patienten sind die Einflüsse der Elektrostimulation auf die normalhörende Seite von großem Interesse. Eine einseitige Elektrostimulation sollte das bimodale Hörvermögen des CI-Trägers verbessern, die vorhandenen Strukturen konservieren jedoch nicht zu einer Schädigung (z.B. Hör- oder Diskriminanzverlust) der normalhörenden Seite beitragen. Die Ergebnisse der vorliegenden Untersuchung zeigen keine Verschiebung der Hörschwelle nach chronischer einseitiger Elektrostimulation trotz umfangreicher bilateraler zentralnervöser Reorganisation. Möglicherweise induziert jedoch eine zu hohe Stimulationsstärke audiologische Veränderungen, die im hier beschriebenen Vorhaben nicht getestet wurden (z.B. Diskriminanzverlust, verringerte Lokalisation).

4.1 Altersbedingter Hörverlust

Beim Meerschweinchen findet sich ein signifikanter Verlust von apikalen OHC bei alten Meerschweinchen gegenüber Jungtieren und damit einhergehend ein signifikanter Hörverlust (Ingham et al., 1999). Der Alterungsprozess scheint nicht nur im peripheren sondern auch im zentralen auditorischen System Veränderungen zu verursachen. So ist ebenfalls die calciumabhängige Aktivität in der Hörbahn betroffen, wie an Mäusen über die gesamte Lebensspanne der Tiere untersucht wurde (Gröschel et al., 2014a). Diese stieg mit zunehmendem Alter besonders im CN an und sank bei den ältesten Tieren wieder auf Kontrollniveau (Gröschel et al., 2014a).

Veränderungen des peripheren und zentralen auditorischen Systems sowie ein signifikanter Hörverlust, der auf das Alter der Versuchstiere zurückzuführen ist, können auftreten, wenn alte Versuchstiere verwendet werden. Um diese Einflüsse zu minimieren, sollten möglichst gleichalte Versuchsgruppen gebildet werden. Das war bei der limitierten Anzahl an Versuchstieren, die für diese Arbeit verwendet wurden, nicht durchgehend möglich. So unterschied sich das Alter der Versuchstiere in der Versuchsgruppe LSR. Drei Tiere waren bei beim finalen Experiment 17-18 Monate alt, drei weitere Tiere 27-30 Monate, wobei nicht für alle Versuche auch alle Tiere zur Verfügung standen. Es wurde untersucht, ob das Alter Auswirkungen auf die Ergebnisse hat: Zwischen den Versuchstieren mit unterschiedlichem Alter kam es zu einem statistisch nicht signifikanten (T-Test mit unabhängigen Stichproben) Unterschied der verwendeten Stimulationsintensitäten (17-18 Monate, n=3, CU= 95; 27-30 Monate, n=3, CU= 103). Auch bei den Hörschwellen lagen zwischen den untersuchten Versuchstieren (17-18 Monate, n=3; 27-30 Monate, n=2), im Unterschied zur oben genannten Studie (Ingham et al., 1999), keine statistisch signifikanten Unterschiede (T-Test) vor. Es wurde eine Varianzanalyse (ANOVA) der Ergebnisse der Histologie nicht nur der Versuchsgruppe LSR (17-18 Monate, n=1; 27-30 Monate, n=2) sondern sämtlicher für die Histologie verwendeten Tiere aller Versuchsgruppen durchgeführt und anschließend die Ergebnisse der einzelnen Tiere einer Versuchsgruppe untereinander verglichen. Diese statistischen Ergebnisse zeigten deutlich, dass das unterschiedliche Alter keine signifikanten Auswirkungen auf die Ergebnisse hatte. Die Versuchstiere aller Versuchsgruppen konnten ohne Einschränkung für die Untersuchung verwendet werden. Die Ergebnisse dieser Arbeit widersprechen damit den zuvor bei Mäusen und Menschen (Ehret, 1974) sowie bei Meerschweinchen (Dum et al., 1980; Nozawa et al., 1996) gefundenen Daten. Dort (Nozawa et al., 1996) wurde ein Einfluss des Lebensalters auf die Hörschwellen nachgewiesen. Möglicherweise spielt dabei die höhere Anzahl (n=23-43) oder das teilweise höhere Alter (bis 25 Monate) der Versuchstiere eine entscheidende Rolle.

In den Versuchen der vorliegenden Arbeit ist nicht nur der Einfluss des Alters auf das Hörvermögen der normalhörenden Seite von Bedeutung, sondern auch der Einfluss des Alters auf die elektrostimulierte Seite. Ein derartiger Einfluss wurde in den Studien von Blamey et al. (Blamey et al., 1996; Blamey et al., 2013) gezeigt. Die Studien untersuchten, welche Faktoren die Fähigkeit von Patienten beeinflussten, nach einer CI-Implantation Sprache zu verstehen. In einer zweiten Studie (Blamey et al., 2013) 17 Jahre nach der ersten Studie (Blamey et al., 1996) wurde festgestellt, dass der Einfluss der Zeit, die seit der Ertaubung vergangen war, einen geringeren Einfluss auf das Hörvermögen hatte.

Die seit der CI-Implantation vergangene Zeit hat laut Blamey et al. (Blamey et al., 2013) den größten Einfluss auf das Sprachverstehen. So ist das Alter bei der Ertaubung und der Implantation nicht mehr von zentraler Bedeutung. In den Studien von Blamey et al. (Blamey et al., 1996; Blamey et al., 2013) wird es sowohl der verbesserten Versorgung in den Kliniken, verbesserten Operationstechniken wie auch einer moderneren Technologie zugeschrieben. In den Versuchen dieser Arbeit wurden normalhörende Tiere erst durch die CI-Implantation einseitig taub. Die nach Blamey et al. ausschlaggebende Zeit zwischen Beginn der Ertaubung und dem Beginn der Elektrostimulation unterschied sich zwischen den Versuchstieren nicht. Sie betrug bei allen in der vorliegenden Arbeit verwendeten Versuchstieren sechs Wochen. Ebenso unterschied sich die Dauer der Elektrostimulation bis zu den histologischen Experimenten zwischen den Versuchstieren nicht.

Die Ergebnisse der in der vorliegenden Arbeit verwendeten Versuchstiere lassen sich somit trotz des unterschiedlichen Alters vergleichen, da sie sich in den laut Blamey et al. (Blamey et al., 1996; Blamey et al., 2013) relevanten Parametern nicht unterscheiden. In den Ergebnissen der ABR-Messungen, der histologischen Untersuchung der Hörbahn sowie der verwendeten Stimulationsintensitäten wurden keine signifikanten Unterschiede zwischen den unterschiedlich alten Versuchstieren festgestellt.

4.2 Vergleich von De-Afferentiation, Elektrostimulation und Lärmschädigung

Bei der Stimulation der Cochlea mit einer zu hohen Lautstärke kann es zu einer Lärmschädigung kommen. Die Lautstärke ist physiologisch als Anzahl der aktiven Nervenfasern und der Feuerrate kodiert. Die Lautstärke über ein CI wird ebenfalls über die Anzahl der aktiven Nervenfasern kodiert. Das geschieht über die Stimulationsintensität. Die Stimulationsrate ist innerhalb eines Stimulationsprogramms fest eingestellt. Dabei führt eine höhere Stimulationsrate (bis ca. 1000 pps/ch) ebenso wie eine höhere Intensität der Elektrostimulation zu einer erhöhten Feuerrate und einer erhöhten Antwortamplitude (Heffer et al., 2010; Shepherd und Javel, 1997).

Lärm kann einen sofortigen Hörverlust gefolgt von einer lange andauernden Hörschwellenverschiebung verursachen, die von Veränderungen der Zelleigenschaften in der Hörbahn begleitet wird. Noch ist unbekannt, ob diese Effekte im auditorischen System selbst entstehen oder von den Veränderungen des peripheren Input verursacht werden (Gröschel et al., 2014b):

Eine Beschallung mit 100 dB führte in einer Studie (Kujawa und Liberman, 2009) zu einem Hörverlust. Es wurde allerdings eine Erholung der Hörschwelle gezeigt, die kein Resultat einer Regeneration der mechano-sensorischen oder neuronalen Strukturen ist. Die Hörschwelle ist daher lediglich eine Indikation für den Zustand der Haarsinneszellen und nicht für eine eventuelle neuronale Degeneration. Eine neuronale Degeneration wäre als eine reduzierte Antwortamplitude messbar (Kujawa und Liberman, 2009). Nach einer Lärmbeschallung von 115 dB kommt es zu einem signifikanten permanenten Hörverlust, der nach sieben Tagen eine signifikante Erholung gegenüber den Akutmessungen zeigt (Gröschel et al., 2011).

Der akute Hörverlust, den die Studie von Gröschel et al. zeigte, wurde in der vorliegenden Arbeit nicht untersucht (Gröschel et al., 2014b). Die Ergebnisse der vorliegenden Arbeit zeigen jedoch weder sechs Wochen nach der Implantation, noch nach Abschluss der 90tägigen Elektrostimulation einen Hörverlust auf der normalhörenden Seite, der mit einer Lärmbeschallung vergleichbar wäre.

Die in der vorliegenden Arbeit durchgeführte Elektrostimulation scheint somit keine vergleichbare Auswirkung wie eine Lärmexposition zu haben, unabhängig von den verwendeten Stimulationsparametern. Die Ergebnisse einer Exposition mit moderatem Lärm von 90 dB (Gröschel et al., 2011), der bei der Maus keinen Hörverlust verursachte, kommt den Resultaten der in der vorliegenden Arbeit untersuchten Elektrostimulation am nächsten. Nach einem Lärmtrauma wird eine Erhöhung der spontanen Feuerrate beobachtet, die ausschließlich im CN, nicht jedoch in den höheren Strukturen auftritt (Gröschel et al., 2014b). Das spricht für eine Beeinflussung der Aktivität des CN auf zellulärem Niveau, die weitere pathophysiologische Ereignisse auslösen kann (Gröschel et al., 2014b). Einzelzellableitungen in DCN und VCN direkt nach dem einzelnen Lärmtrauma zeigen eine signifikante Erhöhung der spontanen Feuerrate. Eine erhöhte Spontanaktivität scheint sich innerhalb von zwei Wochen nach dem Lärmtrauma zu entwickeln, nicht jedoch in den ersten sieben Tagen (Gröschel et al., 2014b). Direkt nach der Entfernung der Cochlea wurden vergleichbare erhöhte Aktivitäten festgestellt (McAlpine et al., 1997; Mossop et al., 2000). Dabei wurde gezeigt, dass es sich nicht um ein rein passives Verhalten des IC handelt. Eine erhöhte Aktivität des IC würde sich laut Studien von Gröschel et al. (Gröschel et al., 2014b) und Robertson et al. (Robertson et al., 2013) auch unabhängig von der Hyperaktivität des CN entwickeln.

Der Hörverlust wird in den ersten Stunden und Tagen von einem lärminduzierten Zellverlust begleitet (Coordes et al., 2012), der sich jedoch nach sieben Tagen bereits reduziert hat.

Durch einseitige, wie auch beidseitige Taubheit wird ein komplexes Muster reorganisierender Neurone im adulten Hirnstamm induziert (Illing et al., 2005). Dabei handelt es sich möglicherweise um eine Kompensation. Nach einseitiger Cochleostomie sowie einem Lärmtrauma wurden im Hirnstamm der Ratte anatomische, zelluläre und molekulare Veränderungen wahrgenommen (Illing et al., 2005) wie die Erhöhung der Immunaktivität von GAP 43 im VCN der betroffenen Seite an präsynaptischen Endigungen und kurzen Faserabschnitten (Illing et al., 2005).

Die akute starke Aktivierung der IHC und SGZ durch die Lärmexposition, beziehungsweise die starke elektrische Aktivierung der SGZ, könnte einen starken Glutamatausstoß an den Synapsen zwischen Hörnerv und CN verursachen. Dies geschieht besonders an den calciumdurchlässigen α-Amino-3-Hydroxy-5-Methyl-4-Isoxazolepropionic-Acid (AMPA) Rezeptoren der „Endbulb of Held“ Synapsen, was zu einer starken und lange anhaltenden Aktivierung (Wang und Manis, 2008) führt.

Neben der Entnahme der Cochlea kann es auch nach einem Lärmtrauma, der Schädigung der Haarsinneszellen durch Antibiotika, aber auch nach einer einseitigen Entfernung des *Bulbus oculi* (Hendry und Jones, 1988; Jones, 1993) zu ähnlichen Effekten kommen. Direkt nach einem Lärmtrauma wurde eine Erhöhung der Expression von Neurotransmittern gezeigt, gefolgt von einer lang anhaltenden Reduktion (Abbott et al., 1999; Milbrandt et al., 2000). Nach der einseitigen Entfernung des *Bulbus oculi* kam es im visuellen Cortex ebenfalls zu einer erhöhten Expression von Neurotransmittern, jedoch nicht zu einem Zellverlust (Hendry und Jones, 1988; Jones, 1993). Durch ototoxische Substanzen wird z.B. eine Schädigung der IHC und der OHC verursacht. Anschließend wurde eine Reduktion der SGZ in Verbindung mit einer Reduktion von Neurotransmitterrezeptoren gezeigt (Marianowski et al., 2000).

Zwischen der Schädigung durch Explantation der Cochleae, der Bulbi sowie einer Schädigung der Cochleae durch Lärm oder ototoxische Substanzen gibt es also deutliche Parallelen. Es existieren jedoch auch Unterschiede, die einen direkten Vergleich mit der Elektrostimulation verhindern.

Die Ergebnisse von Studien zum Lärmtrauma (Basta et al., 2005; Coordes et al., 2012; Gröschel et al., 2010) ähneln in Bezug auf die Reduktion der Zelldichten in CN, MGB und AC den Ergebnissen der Versuchsgruppe MSR der vorliegenden Arbeit. Ein dort auch im IC gezeigter Zellverlust spricht aber dafür, dass die Lärmschädigung einen noch stärkeren negativen Einfluss hatte, als die Elektrostimulation auf die Versuchsgruppe MSR.

Die Auswirkungen von Lärm fallen nach akustischer Deprivation in der Erholungsphase stärker aus (Fukushima et al., 1990). Setzt man die Tiere dagegen nach einer Lärmschädigung Frequenzen im Bereich des Hörverlustes aus, kann die Hyperpolarisation des Thalamus, die Reorganisation der Tonotopie im Cortex und die Entstehung eines Tinnitus verhindert werden. Zudem kommt es zu einem geringeren Hörverlust (Eggermont, 2006; Noreña und Eggermont, 2005). Auch eine Elektrostimulation kann einen permanenten Hörverlust als Folge einer Lärmbeschallung verhindern. Einseitig ertaubte Mäuse reagierten mit einem permanenten Hörverlust auf einen Lärmpegel, der in den einseitig und zweiseitig stimulierten und beidseitig hörenden Kontrollgruppen dagegen lediglich einen kurzzeitigen Hörverlust verursachte (Lim et al., 2014). Das größere Risiko auf Lärmbeschallung mit einem Hörverlust zu reagieren, spricht somit für eine frühe CI-Implantation. Dass sich durch eine CI-Implantation ein Hörverlust reduzieren oder verhindern lässt, zeigt die Studie von Lim (Lim et al., 2014).

Nicht nur eine Erhöhung der Intensität des Lärms, sondern auch die wiederholte Exposition führt zu einem erhöhten Hörverlust (Chen et al., 2014) und einer erhöhten Spontanaktivität schon bei zwei gegenüber einem einzelnen Lärmereignis (Gröschel et al., 2011). Wiederholung ist auch in der vorliegenden Arbeit ein bedeutender Punkt. Die Elektrostimulation der Versuchsgruppe wurde vom CI, je nach Versuchsgruppe, maximal 275, 1513 oder 5156 Mal pro Sekunde und Elektrode über einen Zeitraum von mehr als 1400 Stunden wiederholt. Je nach akustischem Eingang wechselten sich unterschiedliche Elektroden mit der Stimulation ab. Diese räumliche und zeitliche Abwechslung der Elektrostimulation ist der entscheidende Unterschied zum Lärm. Die Ergebnisse der vorliegenden Arbeit beruhen somit auf gänzlich anderen Mechanismen.

4.3 Elektrodenlage in der Cochlea

Der Einfluss der Lage von CI-Stimulationselektroden in der Cochlea auf das Sprachverstehen wurde z.B. von Finley et al. (Finley et al., 2008) nachgewiesen. Daraus wird die Bedeutung der optimalen Positionierung der Elektrode in der Cochlea bei der Implantation deutlich. Intraoperativ können radiologische Untersuchungen wie Röntgenaufnahmen, MRT und CT bei der optimalen Positionierung helfen. Auch in der vorliegenden Arbeit wurden radiologische Untersuchungen eingesetzt, um die Position des Elektrodenarray zu bestimmen. Diese wurden allerdings erst nach Abschluss der Versuche an den explantierten Cochleae durchgeführt. Die angewandte Untersuchungsmethode wäre am lebenden CI-Patienten, aber auch am lebenden Versuchstier aufgrund einer hohen Strahlenbelastung nicht durchführbar. Dort werden MRT bis 3 Tesla (Nospes et al., 2013), aber durchaus auch CT mit geringerer Intensität verwendet.

Nun konnte mittels Micro-CT und Röntgenaufnahme die Lage des in der Cochlea implantierten Elektrodenarrays sowie der einzelnen Stimulationselektroden an ausgesuchten Cochleae bestimmt werden. Wir verwendeten ein Micro-CT mit einer maximalen Auflösung von 10,5 µm pro Pixel (max. 2048 x 2048 Pixel), wodurch eine sehr gute Bildgebung und eine graphische 3D-Darstellung (siehe Abbildung 3-1 b) ermöglicht wurde (Bellos et al., 2014). Auch entstanden hier geringere Artefakte durch Metalle als bei einer MRT Untersuchung (Wackym et al., 2004).

Die Micro-CT Messungen ergaben, dass zwischen vier und fünf Elektroden des Elektrodenarrays in der ersten Windung der Cochlea lagen (Abbildung 3-1, a und b). Bestätigt wurde dies durch die Beobachtungen (Zählen der inserierten Elektroden) während der Implantation sowie durch die Impedanzmessungen und die Bestimmung der t-NRI-Werte während der CI-

Anpassung. Die Verwendung der t-NRI-Messungen zur Lagebestimmung der CI-Elektroden wurde in einer Studie von Nölle et al. beschrieben (Nölle et al., 2003). Zusätzlich wurden, wie wir jetzt im Vergleich mit den Abbildungen bestätigen konnten, für die ersten in der Cochlea liegenden Elektroden niedrige Impedanzen gemessen, für die außerhalb der Cochlea liegenden Elektroden jedoch hohe Impedanzen von über 30 kΩ. Eine Bestimmung des t-NRI-Wertes der außerhalb der Cochlea liegenden Elektroden sowie eine Stimulation derselben wäre aufgrund der Impedanzen nicht möglich und würde auch zu keinem brauchbaren Ergebnis führen. Durch die radiologische Untersuchung der Cochleae mit implantiertem Elektrodenarray konnten wir verifizieren, dass die bei der Anpassung der CI gemessenen stark erhöhten Impedanzen sowie die gemessenen t-NRI-Werte mit der Lage der gemessenen Elektroden außerhalb der Cochlea zusammenhingen. Elektroden, die durch Gewebe eingekapselt wurden, zeigten auch eine Erhöhung der Impedanz, allerdings in deutlich geringerem Umfang wie in der Studie von Hughes et al. gezeigt wurde (Hughes et al., 2001).

Eine alternative Möglichkeit zur Untersuchung der Elektrodenposition und Kontrolle ihrer Funktion im CI-Patienten ist die Untersuchung des Stromflusses in der Cochlea selbst. Diese Methode ist mit einem geringeren Aufwand verbunden als das in der vorliegenden Arbeit durchgeführte CT. Dazu werden üblicherweise verschiedene Kombinationen von Widerstandsmessungen zwischen den Elektroden des Elektrodenarrays verwendet. Mit einer als „Electric Field Imaging“ bezeichneten Methode kann anschließend der individuelle Stromfluss in der dreidimensionalen Cochlea berechnet werden. Damit können Anomalien bezüglich der Elektrodenlage sowie Kurzschlüsse entdeckt werden (Basta, 2009). Die räumliche Anordnung der Elektroden bzw. des Stroms hat auch eine große Bedeutung für die Messung der Erregungsausbreitung in der Cochlea (SOE, Spread of Excitation). Die Streuung der Erregung nach einer lokalen Stimulation wird ermittelt und dazu aktive Antworten der Hörnervenfasern und der SGZ registriert. Wenn die Elektrostimulation zu hoch ist, werden auch einige SGZ stimuliert, die an benachbarten Stimulationselektroden liegen. Eine Folge davon ist eine verringerte Fähigkeit, die Tonhöhen zu unterscheiden. Durch die aktuellen Ansätze zur Verbesserung der CI steigt die Bedeutung der SOE-Messungen (Basta, 2009). Lediglich in schwierigen Fällen wird heute eine radiologische Untersuchung während einer Operation zur Hilfe genommen. Diese erlaubt auch intraoperativ die Position der CI-Elektrode innerhalb der verschiedenen Scalen zu bestimmen.

4.4 Extrazelluläre Messungen der ereigniskorrelierten Aktivitätsänderung im auditorischen Cortex (In-Vivo)

Durch eine beidseitige akustische Stimulation mit breitbandigem Rauschen während extrazellulären Ableitungen im *Cortex temporale* konnte die Lage des AC beim Meerschweinchen verifiziert werden. Hierbei handelt es sich um einen wichtigen Schritt, da kaum Hinweise darauf in der Literatur vorliegen (Tindal, 1965). Die in diesem Versuch ermittelte Position des AC stimmt mit der in der histologischen Untersuchung verwendeten Position des AC überein.

Im Anschluss wurde einseitig ein CI implantiert, elektrisch stimuliert (siehe Kapitel 3.2) und an derselben Position wie bei der vorher durchgeführten akustischen Stimulation mit den acht Elektroden der Multielektrode abgeleitet. Einzelne Ableitelektroden konnten bei der Stimulation der CI-Elektrode 3 gegen die CI-Elektrode 2 eine maximale Antwort registrieren. Bei einer Stimulation der CI-Elektrode 1 gegen die CI-Elektrode 4 wurde an einer anderen Position des AC und damit an einer anderen Ableitelektrode ebenfalls eine maximale Antwort registriert. Durch die Anordnung der CI-Elektroden in der tonotop organisierten Cochlea ähnelt die Elektrostimulation mit unterschiedlichen CI-Elektroden einer akustischen Stimulation mit voneinander unterschiedlichen Frequenzen, wie mit einer anderen Methode bereits in Studien am Meerschweinchen (Hellweg et al., 1977; Taniguchi et al., 1997) und auch am Mensch (Guiraud et al., 2007) nachgewiesen werden konnte.

Die Repräsentation der Frequenzen in der Cochlea unterscheidet sich jedoch zwischen der normalhörenden und der elektrostimulierten Seite. Es wurde in diesem Versuch kein unterschied der tonotopen Organisation festgestellt. Bei den Versuchstieren der vorliegenden Arbeit, die eine 90tägige Elektrostimulation erhielten, wurden unterschiedliche Bereiche der Cochleae durch ein Geräusch stimuliert, das ipsilateral durch das CI und contralateral akustisch übertragen wird. Mit der beschriebenen Methode, den extrazellulären Messungen, könnte ein vorhandener Unterschied aufgezeigt werden.

Das Gehirn kann und muss sehr schnell auf neue Situationen reagieren. So kommt es nach einseitiger Ertaubung im Gegensatz zum IC (Fallon et al., 2008) zu einer Reorganisation der Tonotopie im AI (Eggermont und Komiya, 2000; Eggermont und Roberts, 2004). Daher ist anzunehmen, dass es auch im AI der Versuchstiere der vorliegenden Arbeit zu einer Reorganisation der Tonotopie kam. Im Tierversuch (Fallon et al., 2009; Fallon et al., 2014) konnte gezeigt werden, dass keine tonotope Organisation des AI kongenital tauber Versuchstieren vorliegt. Nach einer Elektrostimulation durch ein CI an kongenital tauben Katzen konnte bei mehr als der Hälfte der untersuchten Tiere eine tonotope Organisation festgestellt werden (Fallon et al., 2008; Fallon et al., 2009; Fallon et al., 2014). Auch bei kongenital tauben CI-Patienten wurde eine tonotope Organisation des AC gezeigt, die sich aber von der tonotopen Organisation Normalhörender unterscheiden kann (Guiraud et al., 2007). Für die Versuchstiere der vorliegenden Arbeit bedeutet das, dass sich die tonotope Organisation im AC zwischen den Versuchstieren und der Kontrolle, aber auch zum Normaltier unterscheiden kann.

Die Ergebnisse dieser Untersuchungen zeigen, dass die eingesetzte CI-Technik bei dem in der Studie verwendeten Tiermodell eine tonotope Stimulation bis hin zum AC gewährleistet.

4.5 Bestimmung der frequenzspezifischen Hörschwelle mittels akustisch evozierter Hirnstammaudiometrie

Im Rahmen der vorliegenden Arbeit wurde die Hörschwelle der Versuchstiere zu unterschiedlichen Zeitpunkten mittels ABR bestimmt. Die Messungen vor der CI-Implantation sowie sechs Wochen danach werden getrennt von den Messungen betrachtet, die nach 90tägiger einseitiger Elektrostimulation durchgeführt wurden.

4.5.1 Bestimmung des Einflusses der CI-Implantation auf die Hörschwelle

In diesem Versuch wurden dieselben Tiere unmittelbar vor, sowie sechs Wochen nach einer einseitigen CI-Implantation mittels frequenzabhängiger ABR untersucht, um mögliche Veränderungen der Hörschelle zu entdecken, die durch die CI-Implantation auf der nicht implantierten Seite verursacht wurden. Eine sechswöchige akustische Deprivation (der Zeitraum von CI-Implantation bis CI-Anpassung/Start der Elektrostimulation) wurde eingehalten, um der Situation von Patienten näher zu kommen, bei denen auch der Zeitraum der Wundheilung abgewartet wird. Diese sechs Wochen hatten keinen signifikanten Einfluss auf die mittels ABR gemessenen frequenzabhängigen Hörschwellen des normalhörenden Ohres (siehe Abbildung 3-3). Bei keiner der untersuchten Frequenzen wurde ein signifikanter Unterschied zwischen den präoperativen und den postoperativen Hörschwellen festgestellt. Das wurde auch in anderen Studien bestätigt. So wurde an Mäusen und Katzen gezeigt, dass es bei einseitiger Taubheit auf der gegenüberliegenden normalhörenden Seite weder zu einem Hörverlust, noch zu einer Sensibilisierung kommt (Hardie und Shepherd, 1999; Larsen und Liberman, 2010). Der Grund dafür ist die akustische Aktivierung der normalhörenden Seite. Fehlt diese Aktivierung, wie bei beidseitig ertaubten Tieren, so konnte schon nach zwei bis drei Monaten eine Reduktion der elektrischen Hörschwelle und ein reduzierter Dynamikbereich gegenüber gerade ertaubten Katzen (Shepherd und Javel, 1997) bzw. Meerschweinchen (Sly et al., 2007) festgestellt werden.

Die einseitige Ertaubung, wie sie an den Kontrolltieren der vorliegenden Arbeit induziert wurden, zeigt im Zeitraum von sechs Wochen keinen negativen Einfluss auf die akustische Hörschwelle der normalhörenden Seite. Dies stimmt mit anderen Studien überein (Hood et al., 1991; Ruggero und Temchin, 2002).

4.5.2 Einfluss einer 90tägigen einseitigen Elektrostimulation auf die Hörschwelle der normalhörenden Seite

Es wurde eine ABR an einseitig implantierten Tieren durchgeführt, die zuvor an 90 Versuchstagen elektrisch stimuliert wurden mit je einer von drei unterschiedlichen Stimulationsraten sowie drei unterschiedlichen Stimulationsintensitäten parallel zu einer einseitigen, bei allen Tieren identischen, akustischen Stimulation. Die Hörschwellen dieser Tiere wurden mit denen einer einseitig implantierten, aber nicht elektrisch stimulierten Kontrollgruppe verglichen, die für den gleichen Zeitraum denselben Bedingungen ausgesetzt waren wie die Tiere der Versuchsgruppen.

Die Abbildung 3-4 zeigt, dass bei allen drei Versuchsgruppen fast durchgehend ein Hörverlust gegenüber der Kontrollgruppe vorliegt. Die Unterschiede zwischen den einzelnen Versuchstieren (hohe Standardfehler, siehe Abbildung 3-4 a-c) und die niedrige Anzahl an Versuchstieren führten hier allerdings dazu, dass der Unterschied lediglich bei zwei der neun untersuchten Frequenzen der Versuchsgruppe LSR (siehe Abbildung 3-4 a) statistisch signifikant ist. Bei den Versuchsgruppen mit den beiden höheren Stimulationsraten, MSR und HSR (siehe Abbildung 3-4 b und c), wurde kein statistisch signifikanter Unterschied zur Kontrollgruppe festgestellt.

Die in der vorliegenden Arbeit verwendeten Kontrolltiere, die einseitig mit einem CI implantiert, aber nicht elektrostimuliert wurden, profitieren lediglich von der akustischen Aktivierung der contralateralen normalhörenden Seite. Durch eine Elektrostimulation der Kontrolltiere würde sich zwar die Hörschwelle der normalhörenden Seite nicht verändern, auf der tauben Seite würde es hingegen zur Konservierung der Zelldichte kommen, wie in der Studie von Mitchell et al. (Mitchell et al., 1997) gezeigt wurde. In anderen Studien wurde nachgewiesen, dass die Dauer der Taubheit vor der CI-Implantation einen stark negativen Einfluss auf das Sprachverstehen bzw. die eBERA (Blamey et al., 1996; Blamey et al., 2013) und auf die Zelldichte im CN (Hardie und Shepherd, 1999; Lustig et al., 1994; Powell und Erulkar, 1962) der tauben Seite hat. Das spricht ebenfalls für eine frühzeitige CI-Versorgung der tauben Seite.

Man kann davon ausgehen, dass es auch bei der Kontrollgruppe auf der normalhörenden Seite weder zu einem Hörverlust, noch zu einer Sensibilisierung kam, wie in der Studien von Hardie und Shepherd (Hardie und Shepherd, 1999) sowie von Larsen und Liberman gezeigt wurde (Larsen und Liberman, 2010). So lässt sich die bei der Kontrollgruppe, der vorliegenden Arbeit, gemessene Hörschwelle der contralateralen Seite mit einem unbehandelten Versuchstier gleichsetzten. Ein signifikanter Unterschied der Hörschwelle gegenüber der Kontrollgruppe, der auf die einseitige Elektrostimulation in einer der drei Versuchsgruppen LSR, MSR und HSR zurückzuführen ist, wurde lediglich für zwei der neun untersuchten Frequenzen der Versuchsgruppe LSR festgestellt. Das spricht für eine leichte Verschlechterung der unilateralen akustischen Hörfähigkeit auf der normalhörenden Seite, die jedoch lediglich in der Versuchsgruppe LSR auftritt und sich auf die Elektrostimulation zurückführen lässt.

Die in der vorliegenden Arbeit gezeigten geringen Hörschwellenunterschiede im Vergleich zur einseitig tauben Kontrollgruppe zeigen, dass es durch die Elektrostimulation bei den beiden höheren Intensitäten und Stimulationsraten nicht zu signifikanten Schädigungen des Gehörs in Form einer Hörschwellenänderung kommt. Diese Ergebnisse passen zu Studien, die eine Verbesserung des gesamten Hörvermögens, Sprachverstehens und Richtungshörens bei einseitiger CI-Versorgung bei einseitigem akustischen Hörvermögen zeigen (Hassepass et al., 2013; Vollmer et al., 2010).

Nicht alle Veränderungen der Cochlea und der aufsteigenden Hörbahn werden zum Zeitpunkt der Untersuchung in Form einer Hörschwellenänderung sichtbar. Um die Entwicklung einer Hörschwellenveränderung zu dokumentieren wären Messungen an den Versuchsgruppen zu unterschiedlichen Zeitpunkten nötig gewesen. Diese Messungen wurden nicht durchgeführt, da alle Messungen einen hohen Aufwand bedeuten und zudem mit einem Risiko für die Versuchstiere verbunden sind (Narkose).

4.6 Histologische Zelldichtebestimmung in der Hörbahn

Der Einfluss der 90tägigen einseitigen Elektrostimulation durch ein CI auf die Zelldichte wurde an Hämalaun-Eosin-gefärbten Gehirnschnitten des DCN, IC, MGB und AC im Vergleich mit einer einseitig implantierten, aber nicht elektrisch stimulierten (einseitig ertaubt) und somit einseitig normalhörenden Kontrollgruppe untersucht.

4.6.1 Einfluss der Stimulationsparameter auf die Zelldichte der aufsteigenden Hörbahn

Die in der vorliegenden Untersuchung verwendeten Stimulationsintensitäten waren durchschnittlich geringer als die in Studien am Menschen verwendeten (Robinson et al., 2012). Diese wurden nicht willkürlich sondern anhand von t-NRI-Messungen festgelegt. Die kürzere Ertaubungsdauer der Meerschweinchen ist wahrscheinlich der Hauptgrund dafür, dass geringere Stimulationsintensitäten nötig waren. Ein direkter Vergleich mit der Ertaubungsdauer des Menschen ist jedoch nicht möglich aufgrund der stark unterschiedlichen Lebenserwartung der beiden Arten. Die Ertaubungsdauer von sechs Wochen kann nicht in einen Zeitraum umgerechnet werden, der einer Ertaubungsdauer beim Menschen entspricht. In anderen Studien (Miller, 2001; Mitchell et al., 1997; Shepherd und Hardie, 2001) wurde an Meerschweinchen gezeigt, dass nach einer kurzen Ertaubungsdauer, wie sie auch bei den in der vorliegenden Arbeit verwendeten Versuchstieren vorliegt, lediglich ein geringer SGZ-Verlust festzustellen ist. Das könnte auch bei den in der vorliegenden Arbeit verwendeten Versuchstieren zutreffen und so konnten die t-NRI-Messungen zum Zeitpunkt der Anpassung (sechs Wochen nach der CI-Implantation) meist erfolgreich durchgeführt und verwendet werden.

Die Einstellung der Soundprozessoren, die sechs Wochen nach der Implantation vorgenommen wurde, hatte große Bedeutung für die Folgen der einseitigen Elektrostimulation mit dem CI. So wurden zunächst Impedanzmessungen durchgeführt. Lagen die Werte über 30 kΩ, so lagen die Elektroden meist außerhalb der Cochlea und wurden anschließend nicht elektrisch stimuliert (siehe auch Kapitel 4.3). Bei der Soundprozessor-Einstellung der unterschiedlichen Versuchsgruppen wurde ein identisches Vorgehen angewandt. Ferner wurden die Versuchstiere in Versuchsgruppen unterteilt und mit unterschiedlichen Stimulationsraten elektrisch mittels CI stimuliert. Die Verwendung von unterschiedlichen Stimulationsraten bedingt (im Programm Soundwave) auch die Verwendung von unterschiedlichen Pulsdauern. Eine willkürliche Auswahl ist nicht möglich. Die Einstellung der Stimulusintensität, angegeben in CU, erfolgt mit einer starken Orientierung an den zuvor bestimmten t-NRI-Werten. Die Versuchsgruppen unterscheiden sich im Mittel der verwendeten Stimulationsintensitäten signifikant (*) (MSR und HSR) bzw. hochsignifikant (***) (LSR und MSR, LSR von HSR) voneinander (siehe Abbildung 3-5).

Da die Werte aus objektiven Messungen hervorgehen, konnten hier nicht für alle Versuchsgruppen übereinstimmende Werte festgelegt werden. Andernfalls wäre eine Versuchsgruppe möglicherweise überstimuliert oder nicht ausreichend stimuliert worden (unterhalb der Schwelle). Die höheren Stimulationsintensitäten bei den Versuchsgruppen MSR und HSR gegenüber der Versuchsgruppe LSR sind keine Folge der höheren Stimulationsrate, sondern basieren auf den objektiv gemessenen t-NRI-Werten der einzelnen Versuchstiere. Die daraus resultierende Verwendung unterschiedlicher Stimulationsintensitäten war unvermeidbar und führte dazu, dass sich die untersuchten Versuchsgruppen nicht nur in der Stimulationsrate (und der damit verknüpften Pulsdauer), sondern zusätzlich noch anhand der verwendeten Stimulationsintensitäten unterscheiden. Die in den Versuchen aufgetretenen Veränderungen bzw. Unterschiede zwischen den Versuchsgruppen können eine Folge der verwendeten Parameter der Elektrostimulation sein. Sowohl die unterschiedlichen Stimulationsraten und der damit verbundenen Pulsdauer wie auch auf die zwischen den Versuchsgruppen nicht übereinstimmenden Stimulationsintensität könnten als Ursache für Unterschiede hinsichtlich der Zelldichten in der aufsteigenden Hörbahn zwischen den Versuchsgruppen in Betracht gezogen werden.

Um diese Ergebnisse zu interpretieren, wurde nach einem Trend gesucht, der einen Bezug zu den drei unterschiedlich hohen Stimulationsintensitäten oder Stimulationsraten aufweist. Die in den Ergebnissen gezeigten Zelldichten stimmen mit keinem Trend überein, der sich auf die unterschiedlichen Stimulationsraten der Versuchsgruppen zurückführen lässt. Die Zelldichten der Versuchsgruppen zeigen jedoch im DCN, MGB sowie AC einen Trend, der mit der Höhe der Stimulationsintensität korreliert.

Es kann somit davon ausgegangen werden, dass die verwendeten Stimulationsintensitäten und nicht die unterschiedlichen Stimulationsraten als Ursache für die vorliegenden Unterschiede in den Ergebnissen der Versuchsgruppen verantwortlich sind.

4.6.2 DCN

Die Ergebnisse der histologischen Zelldichtebestimmung in Abbildung 3-7 zeigen die Zelldifferenz pro mm^2 der neun untersuchten Bereiche des DCN für die drei Versuchsgruppen im Vergleich zur Kontrollgruppe. Die CI-Implantation und die Elektrostimulation erfolgte auf der ipsilateralen Seite. Die gegenüberliegende contralaterale Seite verblieb normalhörend.

4.6.2.1 Einfluss der Elektrostimulation

In der normalhörenden Cochlea des Meerschweinchens sind SGZ im basal liegenden HF vorhanden, die von Signalen zwischen 3 kHz und 32 kHz aktiviert werden. Im MF werden die SGZ von Signalen, die zwischen 700 Hz und 3 kHz liegen, aktiviert. Im apikal liegenden TF werden die SGZ von Signalen aktiviert, die zwischen 200 Hz und 700 Hz liegen (Culler et al., 1943; Greenwood, 1996; Huetz et al., 2014). Die identisch benannten Bereiche im CN werden von diesen SGZ innerviert und somit entsprechend auf der normalhörenden Seite auch von den oben genannten Frequenzen aktiviert. Auf der ipsilateralen elektrostimulierten Seite wird hauptsächlich im HF direkt elektrisch stimuliert.

LSR: Die Versuchsgruppe LSR, die mit der niedrigsten Stimulationsrate und der niedrigsten Stimulationsintensität elektrisch stimuliert wurde, zeigt einen bilateralen Effekt, keinen signifikanten Zellverlust gegenüber der Kontrollgruppe und sogar eine höhere Zelldichte in 17 der 18 Gebiete des ipsilateral und contralateral untersuchten DCN. Es wurden keine Unterschiede zwischen den untersuchten Schichten, sowie zwischen der ipsilateralen und der contralateralen Seite festgestellt.

Eine ipsilateral gegenüber der Kontrollgruppe erhöhte Zelldichte, wie sie bei LSR und HSR auftritt, bestätigt die in der Studie von Mitchell et al. (Mitchell et al., 1997) gefundenen konservierenden Effekte auf die Zelldichte durch eine Elektrostimulation.

Die bilateral höhere Zelldichte in der Versuchsgruppe spricht nicht nur für eine ipsilaterale, sondern auch für eine contralaterale Konservierung. Außerdem spricht es dafür, dass bei der einseitig tauben Kontrollgruppe ein bilateraler Zellverlust hervorgerufen wurde, der in der Versuchsgruppe LSR durch die Elektrostimulation reduziert oder aufgehalten wurde, wodurch es zu einer bilateralen Konservierung der Zelldichte kam. Der bilaterale Zellverlust der Kontrollgruppe widerspricht aber einer anderen Studie (Hardie und Shepherd, 1999), wo kein contralateraler Zellverlust und auch keine Volumenveränderung bei ipsilateraler Taubheit (ohne Elektrostimulation) gezeigt wurde. Andererseits wurde in der vorliegenden Arbeit, wie auch in den Studien von Hardie und Shepherd sowie von Larsen und Liberman (Hardie und

Shepherd, 1999; Larsen und Liberman, 2010) dort allerdings an einseitig tauben Mäusen und Katzen, gezeigt, dass sich ein solcher Zellverlust nicht als contralateraler Hörverlust darstellt.

Bei einseitiger Ertaubung wird die Hälfte der ipsilateralen Neurone des VCN (Bledsoe et al., 2009) aber auch des DCN durch eine contralaterale akustische Stimulation angeregt (Brown et al., 2013; Mast, 1970). Ein Fehlen des Einganges einer Cochlea führt zu einer Verringerung der Suppression in CN und auch im IC (McAlpine et al., 1997; Mossop et al., 2000; Vale et al., 2004) sowie zu einer Erhöhung der Aktivität der Haarsinneszellen, was zu einem bilateralen Zellverlust im CN führen kann, wie in der vorliegenden Arbeit für die Kontrollgruppe im Vergleich mit der Versuchsgruppe LSR gezeigt wurde. Solche erhöhten Aktivitäten wurden auch vor einem Zellverlust als Folge einer Lärmexposition gezeigt (Gröschel et al., 2014b).

MSR: Die Versuchsgruppe MSR wurde mit der mittleren Stimulationsrate und der höchsten Intensität stimuliert. Contralateral kommt es in allen Frequenzbereichen zu einem hochsignifikanten Zellverlust gegenüber der Kontrollgruppe.

Die contralaterale Seite des DCN zeigt an mehreren Stellen einen negativen Einfluss, der auf die Elektrostimulation mit hoher Intensität der ipsilateralen Seite zurückzuführen ist. Die Versuchsgruppe HSR, mit einer mittleren Intensität stimuliert, zeigt dagegen auf der contralateralen Seite lediglich im HF einen Zellverlust (siehe Abbildung 3-8 b).

Da die contralateralen Effekte mit steigender Stimulationsintensität zunehmen, spricht das für einen Einfluss der Stimulationsintensität und wird durch die gezeigten Zelldichten der Versuchsgruppe MSR (siehe Abbildung 3-8 b) bestätigt. Als Folge der in der vorliegenden Arbeit verwendeten höchsten Stimulationsintensität kommt es nicht nur im HF (wie bei HSR), sondern durchgehend in allen Frequenzbereichen und allen drei Schichten (siehe Abbildung 3-8 a) zu einem hochsignifikanten Zellverlust gegenüber der Kontrollgruppe.

Dieser Zellverlust ist nicht durch eine direkte Elektrostimulation zu begründen. Es handelt sich dennoch um eine Auswirkung der Elektrostimulation. Diverse Verbindungen zwischen den Hemisphären wurden für den CN (Bledsoe et al., 2009; Brown et al., 2013; Mast, 1970) aber auch für den IC (Knipper et al., 2013; Malmierca, 2004) gezeigt. Die ipsilaterale Elektrostimulation mit der höchsten verwendeten Intensität in Verbindung mit der akustischen Stimulation der contralateralen Seite führt zu einer Überstimulation und zu einer Schädigung des contralateralen DCN.

Eine elektrische Aktivierung des IC (Groff und Liberman, 2003) und der Cochlea durch Lärm (Larsen und Liberman, 2009; Liberman, 1988) kann olivocochleäre Efferenzen beidseitig aktivieren und das CAP des Hörnerven wie die Aktivität der OHC reduzieren. Die als Folge einer einseitigen Taubheit (wie in den Versuchsgruppen der vorliegenden Arbeit) gezeigte geringere Inhibition des IC (McAlpine et al., 1997; Mossop et al., 2000; Vale et al., 2004) könnte ähnliche Auswirkungen haben. Diese verringerte Inhibition kann sich ebenso wie die direkte Innervierung des CN durch die vom IC kommenden olivocochleären Efferenzen (Benson und Brown, 1990) auf die Aktivität der Neuronen des CN auswirken. So wird eine Reduktion der OHC-Aktivität um 20 dB, wie sie nach direkter elektrischer Aktivierung der olivocochleäre Efferenzen (Gifford und Guinan, 1987) gezeigt wurde, auch den Eingang in den DCN deutlich reduzieren und dort zu Aktivitätsveränderungen führen, die den in der vorliegenden Arbeit gezeigten Zellverlust auslösen können.

HSR: Die Versuchsgruppe HSR zeigt ebenfalls bilaterale Effekte auf die unilaterale Elektrostimulation gegenüber der einseitig tauben Kontrollgruppe. In dieser Versuchsgruppe wurde die höchste Stimulationsrate sowie eine Stimulationsintensität verwendet, die mittig zwischen dem Wert der Versuchsgruppen LSR und MSR liegt.

Auf der ipsilateralen Seite der Versuchsgruppe HSR liegt durchgehend eine höhere Zelldichte vor als in der ipsilateral tauben Kontrollgruppe (siehe Abbildung 3-8 a), die einen ipsilateralen Zellverlust aufweist, wie von mehreren Studien ebenfalls gezeigt wurde (Hardie und Shepherd, 1999; Lustig et al., 1994; Powell und Erulkar, 1962). Diese erhöhte Zelldichte zeigt einen Effekt der Konservierung der Zelldichten wie er von Mitchell (Mitchell et al., 1997) beschrieben wurde. Contralateral kommt es zu einem Zellverlust gegenüber der Kontrollgruppe.

4.6.2.2 Betrachtung der Schichten des DCN

Die Ergebnisse aus Abbildung 3-8 b zeigen keinen linearen Zusammenhang zu den drei unterschiedlichen Stimulationsraten, aber einen der mit den verwendeten Stimulationsintensitäten korreliert. Die Versuchsgruppe LSR zeigt eine Konservierung der Zelldichten in allen Schichten. Die Versuchsgruppe HSR zeigt im Mittel lediglich geringe Unterschiede gegenüber der Kontrollgruppe. Lediglich die Versuchsgruppe MSR zeigt im Mittel einen Zellverlust, der besonders contralateral auftritt. Die deutlichsten Effekte dieser drei unterschiedlichen Elektrostimulationen zeigt Schicht 2. Hier liegt in der Versuchsgruppe MSR bilateral ein signifikanter Zellverlust gegenüber der Kontrollgruppe vor (Abbildung 3-7, Abbildung 3-8 b). Ein eindeutiger Trend, der mit den unterschiedlich hohen Stimulationsintensitäten korreliert. Bei der Versuchsgruppe HSR ist der Einfluss auf Schicht 2 nicht so deutlich und fehlt ganz bei LSR, wo ein konservierender Effekt der Elektrostimulation zu sehen ist.

Der Hörnerv ist direkt mit den Pyramidenzellen des DCN verbunden, die sich hauptsächlich in Schicht 2 und zum Teil in Schicht 3 befinden (Frisina und Walton, 2001; Kandel, 2013; Ryugo und Willard, 1985). Die direkte Innervierung durch den Hörnerv ist hier verantwortlich für die bilateralen Zellverluste in Schicht 2 der Versuchsgruppe MSR. Auch in Abbildung 3-7 ist ein durchgehender signifikanter Zellverlust dieser Schicht zu sehen, der auf die direkte und indirekte Elektrostimulation zurückzuführen ist.

Ebenso zeigen sich die Einflüsse auf Schicht 1: Mit steigender Stimulationsintensität nehmen hier die Zellverluste gegenüber der Kontrollgruppe zu. LSR zeigt eine bilaterale Konservierung. HSR zeigt bilateral keinen signifikanten Unterschied zur Kontrollgruppe. Bei der Versuchsgruppe MSR lässt sich ein contralateraler hochsignifikanter (***) Zellverlust belegen (siehe Abbildung 3-8 b).

In Schicht 3 des DCN sind ähnliche Veränderungen feststellbar: LSR zeigt wieder eine durchgehende Konservierung. Die Versuchsgruppe HSR zeigt wie auch die Versuchsgruppe MSR einen contralateralen Zellverlust aber auch eine ipsilaterale Konservierung gegenüber der Kontrollgruppe (siehe Abbildung 3-8 b).

Ein Zellverlust ist nicht unbedingt verbunden mit negativen Auswirkungen auf die Hörschwelle oder auf weitere Hörfähigkeiten (Hardie und Shepherd, 1999; Larsen und Liberman, 2010) wie das Richtungshören. Es kann sich auch um eine Anpassung des Gehirns an einen modifizierten afferenten Input handeln.

Schon bei der mittleren Stimulationsintensität kommt es nicht in allen untersuchten Bereichen zu einer Konservierung d.h. einer gegenüber der Kontrollgruppe erhöhten Zelldichte. Somit könnte es bei längerer Versuchsdauer (mehr als die 90tägige Elektrostimulation) zu einem weiteren Zellverlust kommen. Lediglich die mit der niedrigsten Stimulationsintensität stimulierte Versuchsgruppe weist durchgehend eine Konservierung der Zelldichten im CN auf.

4.6.2.3 Einfluss der Entfernung vom Ort der Elektrostimulation in der Cochlea

Wie im Spektrogramm der akustischen Stimulation in Abbildung 2-4 zu sehen ist, lagen die für die akustische Stimulation der Versuchstiere der vorliegenden Arbeit hauptsächlich verwendeten Frequenzen eher in TF und MF. Es erfolgte eine Umwandlung der Frequenzen und eine Elektrostimulation der implantierten CI-Elektroden. Bedingt durch die Lage der vier bis fünf Stimulationselektroden in der Cochlea wurde die elektrische Stimulation im HF der Cochlea durchgeführt, wo sie direkt die SGZ stimulierten, welche die Hörnervfasern bilden.

Diese direkt stimulierten SGZ zeigten in einer früheren Studie einen hohen Grad der Konservierung (Mitchell et al., 1997).

Jede, der aus der Cochlea kommenden Hörnervfasern, ist mit dem DCN verbunden (De No, 1933; Møller, 2006; Webster et al., 1992), wobei eine Elektrostimulation, die in der Cochlea im HF stattfindet, aufgrund der tonotopen Anordnung der Cochlea und des CN (Muniak und Ryugo, 2014; Noda und Pirsig, 1974; Ryugo und May, 1993; Ryugo und Parks, 2003) wiederum die Pyramidenzellen der Schichten 2 und 3 im HF des DCN direkt stimuliert (Frisina und Walton, 2001; Kandel, 2013; Ryugo und Willard, 1985). Durch diese Innervierung ist der HF am stärksten von der Elektrostimulation betroffen. Die Auswirkungen auf die beiden weiter entfernten Frequenzbereiche nehmen mit zunehmender Entfernung zum Ort der Elektrostimulation ab. Diese Auswirkungen sind auch in den Ergebnissen der vorliegenden Arbeit deutlich erkennbar. So zeigte sich in den Versuchsgruppen MSR und HSR in Schicht 1 (MSR (ipsilateral), HSR (contralateral)) sowie in der contralateralen Schicht 3 beider Gruppen (Abbildung 3-7) im HF ein signifikanter Zellverlust, der im weiter entfernten TF nicht mehr vorhanden war.

In der Versuchsgruppe MSR ist ipsilateral und in der Versuchsgruppe HSR contralateral lediglich der HF von einem signifikanten Zellverlust betroffen, die beiden anderen Frequenzbereiche jedoch nicht (Abbildung 3-8 a).

In der Versuchsgruppe HSR ist auch ipsilateral eine Tendenz erkennbar (Abbildung 3-8 a). Es kommt zu keinem signifikanten Zellverlust. Stattdessen wurde durchgehend eine höhere Zelldichte als in der Kontrollgruppe festgestellt. So liegt eine zunehmend höhere Signifikanz mit zunehmender Entfernung zum Ort der Elektrostimulation vor. Im HF ist der Unterschied signifikant (*), im MF hochsignifikant (**) und im TF hochsignifikant (***). Dieser Effekt bestätigt, dass die Elektrostimulation lokal begrenzt ist und nicht die gesamte Cochlea betrifft.

Ein sinkender Einfluss mit zunehmendem Abstand vom Ort der Elektrostimulation im TF und MF Bereich der Cochlea ist als Tendenz vorhanden. Dieser Einfluss wird beim menschlichen Patienten nicht zu finden sein oder geringer ausfallen, da die größere menschliche Cochlea ein tieferes Vorschieben der CI-Elektrode ermöglicht, wodurch alle Frequenzbereiche der SGZ direkt stimuliert werden können. Für den Vergleich mit menschlichen Patienten sind daher die Ergebnisse des HF der in der vorliegenden Arbeit verwendeten Versuchstiere von größtem Interesse. Durch die Stimulation mit einer größeren Anzahl an Elektroden wird auch ein größerer Frequenzbereich in der Cochlea elektrisch stimuliert. Dadurch kann auch das Sprachverstehen verbessert werden (Frijns et al., 2003).

4.6.2.4 Zusammenfassung DCN

Die erhöhte ipsilaterale Zelldichte gegenüber der Kontrollgruppe, wie sie bei HSR und LSR in allen Frequenzbereichen (Abbildung 3-8 a) zu sehen ist, spricht für einen ipsilateralen Zellverlust der Kontrollgruppe und für eine Konservierung der SGZ durch die Elektrostimulation wie in einer Studie von Mitchell et al. beschrieben (Mitchell et al., 1997) und als Folge auch zu einem Zellverlust in den höheren Strukturen der Hörbahn. Ebenso spricht die erhöhte contralaterale Zelldichte der Versuchsgruppe LSR für einen Zellverlust der normalhörenden Seite in der Kontrollgruppe sowie für einen konservierenden Effekt der Elektrostimulation. Ein solcher Zellverlust wurde bei bilateral ertaubten Tieren gezeigt (Clark et al., 1988; Lustig et al., 1994) und ist dort auch bei der nicht elektrisch stimulierten Kontrollgruppe (im Vergleich mit einem unbehandelten Versuchstier) vorhanden. So kam es im Vergleich zum unbehandelten Versuchstier als Folge der Taubheit zu einem Zellverlust im CN, einem reduzierten CN Volumen, einer reduzierten Zellgröße (Lustig et al., 1994) und einer Reduktion der Nervenfasern und der Zelltypen in DCN und VCN (Clark et al., 1988). Zwischen der beidseitig tauben Kontrollgruppe und der einseitig elektrostimulierten Versuchsgruppe wurde allerdings kein signifikanter Zellverlust ermittelt. Die Verringerung des Volumens kann durch die Elektrostimulation reduziert oder verhindert werden (Lustig et al., 1994; Matsushima et al., 1991). Außerdem kam es in den Studien nicht zu einer zusätzlichen Schädigung durch die Elektrostimulation (Clark et al., 1988; Lustig et al., 1994) im Gegensatz zu den in der vorliegenden Arbeit gezeigten Ergebnissen der Versuchsgruppe MSR.

Eine weitere Studie an Katzen, die wie die in der vorliegenden Arbeit verwendete Kontrollgruppe lediglich einseitig ertaubt waren, zeigte nach einem SGZ-Verlust ebenfalls die Abnahme des DCN-Volumens lediglich auf der tauben Seite (Hardie und Shepherd, 1999).

Für die in der Versuchsgruppe LSR nachgewiesene erhöhte Zelldichte gegenüber der Kontrollgruppe sind daher zwei Erklärungen möglich: Es handelt sich erstens um einen Zellverlust der Kontrollgruppe gegenüber unbehandelten Versuchstieren oder zweitens um eine Volumenverringerung der Zellen und des CN der Versuchsgruppe LSR, was indirekt zu einer erhöhten Zelldichte führen könnte, wie sie in mehreren Studien gezeigt wurde (Hardie und Shepherd, 1999; Lustig et al., 1994; Matsushima et al., 1991).

Die contralateralen Zellverluste gegenüber der Kontrollgruppe (HSR, HF; MSR, HF bis TF; Abbildung 3-8 a) deuten auf eine von der Elektrostimulation hervorgerufene Schädigung des DCN hin, der über eine möglicherweise vorhandene, von der unilateralen Taubheit induzierten Schädigung bei der Kontrollgruppe hinausgeht.

Die Ergebnisse für die Versuchsgruppe LSR zeigen dagegen, dass es bei einer Elektrostimulation nicht zu einer Schädigung der contralateralen, normalhörenden Seite kommen muss. Begründet in den Messungen während der CI-Anpassung, die zu den verwendeten Einstellungen geführt haben, war es jedoch nicht möglich, die Stimulationsintensitäten willkürlich festzulegen und gleichzeitig ein optimales Hören zu ermöglichen.

Wie oben bereits angesprochen zeigt ein nichtsignifikanter Unterschied gegenüber der Kontrollgruppe, dass es nicht zu einer von der Elektrostimulation verursachten zusätzlichen Schädigung, wie einem Zellverlust, kam. Ein Zellverlust, der in der Kontrollgruppe durch die einseitige Taubheit verursacht wird, ist dann allerdings auch in den elektrostimulierten Versuchsgruppen vorhanden.

Es ist nicht abschließend geklärt, inwieweit allein die Stimulationsintensität die gezeigten Effekte hervorruft. Aufgrund der vorhandenen bilateralen Effekte könnten auch bilateral taube Patienten von degenerativen Prozessen betroffen sein.

Um die negativen Einflüsse der Elektrostimulation zu umgehen, sollte, sofern möglich, eine zu hohe Stimulationsintensität bei der Elektrostimulation durch ein CI vermieden werden.

4.6.3 IC

Der IC erhält verschiedene Afferenzen direkt vom VCN, DCN, SOC und dem contralateralen IC. Diese Eingänge verhindern eine Deprivation der beiden IC und wirken sich so positiv auf die Zelldichte aus (Knipper et al., 2013; Malmierca, 2004; Møller, 2006). Der IC erhält seine Eingänge vom CN teilweise über den SOC. Dabei kreuzen sich die Bahnen so, dass der IC der ipsilateralen Seite den Hauptteil des Input vom CN der contralateralen Seite empfängt. Damit ist die von der Elektrostimulation direkt beeinflusste Seite die contralaterale Seite des IC.

In den IC aller Versuchsgruppen wurden unabhängig von der Stimulationsintensität und der Stimulationsrate positive Effekte der Elektrostimulation beobachtet. So wurde bei keiner der untersuchten Versuchsgruppen ein Zellverlust gegenüber der Kontrollgruppe ermittelt. In den Versuchsgruppen LSR und MSR wurde bilateral und in der Versuchsgruppe HSR contralateral eine gegenüber der Kontrollgruppe hochsignifikant (***) erhöhte Zelldichte festgestellt. Eine Ursache hierfür ist die einseitige Ertaubung, die zu geringerer Inhibition auf der ipsilateralen Seite des IC nach contralateraler akustischer Stimulation führt, wie von anderen Studien gezeigt wurde (McAlpine et al., 1997; Mossop et al., 2000; Vale et al., 2004). Die einseitige Elektrostimulation übt bei ausreichender Intensität, wie sie in der vorliegenden Arbeit verwendet wird, einen konservierenden Effekt auf die SGZ und damit auch auf die zentrale

Hörbahn aus, wie in der Studie von Mitchell et al. gezeigt wurde (Mitchell et al., 1997). Ohne diese Elektrostimulation kann eine Läsion der Cochlea zu einer Degeneration des CN und als Folge in den folgenden zwölf Monaten zu einer Degeneration des IC führen, wie in Studien (Clark et al., 1988; Hardie und Shepherd, 1999; Miller et al., 1980), aber auch in der für diese Arbeit verwendeten Kontrollgruppe gezeigt wurde.

4.6.4 MGB

Im MGB wurde ein Ausschnitt gewählt, der nicht nur die Untereinheiten der aufsteigenden Hörbahn, sondern alle drei Untereinheiten des MGB enthält. Es wurde immer dieselbe Position für die Ausschnitte ausgewählt, wobei eine tonotope Organisation lediglich in einem Teil, dem MGBv, vorliegt, wie von Imig beschrieben wurde (Imig und Morel, 1985). Daher kommt es bei den Ergebnissen auch zu Unterschieden hinsichtlich der Zelldichte zwischen IC und MGB. Die Tendenz aus den vorangegangen Kerngebieten setzt sich auch hier fort: Im MGB der Versuchsgruppe LSR wurden, ebenso wie in der Versuchsgruppe HSR, bilateral hochsignifikant (***) erhöhte Zelldichten festgestellt. In der Versuchsgruppe MSR, der Gruppe, die mit den höchsten Intensitäten stimuliert wurde, zeigte sich ipsilateral kein signifikanter Unterschied, jedoch contralateral ein hochsignifikanter (**) Zellverlust gegenüber der Kontrollgruppe. Es handelt sich damit um einen Effekt, der auch auf die unterschiedlich hohen Stimulationsintensitäten zurückzuführen ist. Die beiden niedrigeren Stimulationsintensitäten der Versuchsgruppen LSR und HSR zeigen bilateral einen positiven konservierenden Effekt auf die Zelldichte des MGB. Die Versuchsgruppe MSR mit der höchsten Intensität der Elektrostimulation zeigt ipsilateral keine zusätzliche Schädigung durch die Elektrostimulation. Contralateral ist dagegen eine Schädigung durch die Elektrostimulation vorhanden.

Ein Grund für die Unterschiede zum IC liegt in den vielfältigen Eingängen des MGB. Der MGB erhält direkten Eingang vom IC der gleichen Seite. Daher ist die contralaterale Seite (wie im IC) des MGB direkt von der Elektrostimulation betroffen. Außerdem erhält der MGB einen indirekten Eingang vom IC der gegenüberliegenden Seite (Knipper et al., 2013; Malmierca, 2004; Møller, 2006), wie der MGBm vom DCN (Anderson et al., 2006). Auch übt der *Nucleus reticularis* Kontrolle auf den MGB aus (Pinault, 2004; Webster et al., 1992). Dem MGB fehlt im Gegensatz zum IC die direkte Verbindung zum gleichen Kerngebiet der anderen Hemisphäre. Trotzdem wurde eine Sensitivität des MGBm für beidseitige Stimuli festgestellt (Aitkin, 1973; Webster et al., 1992). Die Vielzahl von Eingängen, die den MGB aktivieren, zeigen zusammen mit einer einseitigen (nicht zu hohen) Elektrostimulation eine positive Wirkung auf die Zelldichten im MGB.

4.6.5 Auditorischer Cortex

Die Eingangsbereiche der subcortikalen auditorischen Strukturen liegen in unterschiedlichen Schichten des AC. Ipsilaterale Verbindungen von MGBv (Schichten 3 und 4) und MGBm (Schichten 1 und 6) zum primären AC liegen ebenso vor, wie eine Verbindung vom AC (Schicht 3) der contralateralen Seite, wie in Studien (Code und Winer, 1985; Webster et al., 1992; Winer et al., 1999b) gezeigt wurde. Daher ist hier auch der größte Effekt bzw. Unterschied zwischen den Versuchsgruppen und der Kontrollgruppe nicht ausschließlich in einer Schicht zu vermuten. Die Ergebnisse für die sechs Schichten zeigen fast durchgehend dieselben Effekte innerhalb der einzelnen Versuchsgruppen. Zwischen den Versuchsgruppen gibt es dagegen große Unterschiede, die mit den unterschiedlichen Stimulationsintensitäten korrelieren, nicht jedoch mit den drei unterschiedlichen Stimulationsraten der drei Versuchsgruppen. Dabei kommt es lediglich in der Versuchsgruppe MSR, die mit den höchsten Intensitäten stimuliert wurde, zu negativen Effekten. Die beiden Versuchsgruppen mit den niedrigeren Stimulationsintensitäten, LSR und HSR, zeigen dagegen im AC eine bilaterale Konservierung der Zelldichte.

Die Versuchsgruppe LSR, die mit den niedrigsten Intensitäten stimuliert wurde, weist bilateral eine hochsignifikant (***) erhöhte Zelldichte gegenüber der Kontrollgruppe auf. In der Versuchsgruppe HSR wurde bilateral in keiner der sechs Schichten des AC ein Zellverlust gegenüber der einseitig tauben Kontrollgruppe festgestellt. Schicht 3 weist bilateral sogar eine signifikant höhere Zelldichte auf. In der Versuchsgruppe MSR wurde dagegen contralateral in allen sechs Schichten sowie ipsilateral in drei Schichten (1, 3 und 5) des AC ein Zellverlust festgestellt. Die anderen Schichten des ipsilateralen AC, der Versuchsgruppe MSR, zeigen eine Konservierung.

4.7 Zusammenfassung der Versuchsergebnisse

Die Stimulationsrate scheint keinen Einfluss auf die Zelldichte in den untersuchten Gebieten der Hörbahn zu haben. Es gibt keinen Zusammenhang in den Ergebnissen der drei Versuchsgruppen, der mit den unterschiedlich hohen Stimulationsraten korreliert. Der Einfluss der Stimulationsintensität ist dagegen erkennbar. So korreliert die unterschiedlich hohe Stimulationsintensität mit den Ergebnissen der Zelldichtebestimmung in DCN, MGB, AC. Die niedrigste verwendete Stimulationsintensität führte zu einer bilateralen Konservierung der Zelldichten in der gesamten untersuchten Hörbahn, wogegen eine Elektrostimulation mit der höchsten Stimulationsintensität zum Teil einen bilateralen Zellverlust im DCN, MGB und im AC zur Folge hatte. Im IC lag dagegen bei keiner Versuchsgruppe ein Zellverlust gegenüber der Kontrollgruppe vor.

Die Konservierung der SGZ-Zelldichten der elektrostimulierten Seite erfolgt durch eine adäquate Elektrostimulation wie in einer früheren Studie gezeigt wurde (Mitchell et al., 1997), sowie eine adäquate akustische Stimulation auf der normalhörenden Seite. Durch die bilaterale bimodale Stimulation wird die gesamte Hörbahn stimuliert. Als Folge der bimodalen Stimulation kommt es zu einer bilateralen Konservierung der Zellstrukturen der gesamten Hörbahn, wie in den Versuchsgruppen LSR und HSR auf der ipsilateralen Seite gezeigt werden konnte. Eine zu hohe Intensität der Elektrostimulation, wie in der Versuchsgruppe MSR, schädigt dagegen die Zellen der Hörbahn, was sich in einem Zellverlust äußert.

In diesem Versuch führte die Elektrostimulation zu einem signifikanten Hörverlust bei zwei von neun untersuchten Frequenzen auf der normalhörenden Seite der Versuchsgruppe LSR. Ein Zusammenhang zwischen beidseitigem Zellverlust und einem Hörverlust wurde schon beschrieben (Coordes et al., 2012).

Ebenso kann es bei Elektrostimulation mit einer hohen Intensität zu einem Zellverlust kommen, der wiederum zu einem Zellverlust in den verschalteten Gebieten führt. So könnte im CN der Versuchsgruppe MSR bilateral ein Zellverlust durch die inadäquate Elektrostimulation einer Seite verursacht worden sein.

Beim menschlichen Patienten kann die gesamte CI-Elektrode in die Cochlea eingeführt werden (Stakhovskaya et al., 2007). So ist der Bereich der Cochlea, der direkt elektrostimuliert wird, deutlich größer als beim Meerschweinchen (siehe auch Kapitel 4.3). Der beim menschlichen Patienten sichtbare Effekt der Reduktion eines negativen Einflusses der Elektrostimulation mit zunehmender Entfernung von der CI-Elektrode wird auf geringere Bereiche des CN zutreffen oder nicht vorhanden sein, wenn vergleichbare Einstellungen wie bei den Versuchsgruppen MSR und HSR verwendet werden. Daher sind die Resultate des beim Meerschweinchen in der vorliegenden Arbeit direkt elektrostimulierten HF von besonderem Interesse für den Vergleich mit unilateral elektrostimulierten CI-Patienten, bei denen eine Verbesserung der Hörfähigkeit nicht auf Kosten eines contralateralen Zellverlustes durchgeführt werden sollte. Ein solcher contralateraler Zellverlust könnte langfristig auch zu einer Verschlechterung der

Hörfähigkeit führen. Ein Zusammenhang von Zellverlust und Hörverlust konnte für die Versuchstiere der vorliegenden Arbeit nicht gezeigt werden.

4.8 Mögliche zelluläre Ursachen für die gefundenen Ergebnisse

Es ist noch wenig bekannt über die genauen zellulären Ursachen der in der vorliegenden Arbeit gezeigten Schädigungen durch elektrische Überstimulation. Vergleichbare Schädigungen werden unter anderem durch mechanische Traumata an der Cochlea, akustische Überstimulation oder ototoxische Substanzen verursacht. Diese werden im Anschluss an eine Einführung der potentiellen zellulären Prozesse kurz dargestellt.

4.8.1 Die Rolle der Neurotransmitter

Eine Zellschädigung kann zu einer Übererregung führen und es kann zu einer Glutamatausschüttung des vaskulären und des metabolischen „Pools" kommen (Salińska et al., 2005). Durch eine Ausschüttung von Glutamat, aber auch anderer Neurotransmitter, können Neurone depolarisiert und angeregt werden (Crawford und Curtis, 1964; Curtis und Watkins, 1963). Glutamat wirkt dabei auf zwei Klassen von Rezeptoren: Glutamat gesteuerte Ionenkanäle wie den N-Methyl-D-Aspartat (NMDA)-Rezeptor, den AMPA-Rezeptor und den Kainite-Rezeptor sowie auf G-Protein-Rezeptoren. Eine Aktivierung der exzitatorischen Aminosäurerezeptoren (z.B. Glutamat-Rezeptoren), die von höherer Intensität oder von längerer Dauer ist als unter normalen physiologischen Bedingungen, kann eine Rolle in der Pathogenese der Gehirnschädigung bei akuten Schäden und auch bei chronischen neurodegenerativen Krankheiten spielen (Salińska et al., 2005). Eine bestimmte Unterklasse der Glutamat-Rezeptoren, der NMDA-Rezeptor, ist dabei anscheinend für die neuronalen Schäden hauptverantwortlich (Choi et al., 1988). Die zum Teil hohe Calciumdurchlässigkeit dieser Rezeptoren (Roettger und Lipton, 1996; Salińska et al., 2005) steht ebenfalls in Verbindung mit der Neurotoxizität, die stark von der extrazellulären Calciumkonzentration abhängig sein kann (Choi et al., 1988; Kandel, 2013).

Nicht nur nach einer Zellschädigung, sondern auch direkt nach einem Lärmtrauma kann es zu einer Erhöhung der Expression von Neurotransmittern gefolgt von einer lang anhaltenden Reduktion kommen (Abbott et al., 1999; Milbrandt et al., 2000). Jegliche Veränderung der Neurotransmitterexpression kann weitreichende Folgen haben.

4.8.2 Veränderungen der neuronalen Erregung

Eine erhöhte Neurotransmitterexpression kann zu einer erhöhten Erregung der Neurone führen. Neben einer Schädigung durch erhöhte Erregung wurden auch Schäden wie Zellverlust im CN einem reduzierten glycerinergen Eingang von DCN, dem contralateralen VCN und dem SOC, zugeschrieben (Asako et al., 2005). Ein reduzierter exzitatorischer Eingang kann zu einer verringerten Erregung, ein reduzierter inhibitorischer Eingang zu einer erhöhten Erregung führen. Veränderungen der neuronalen Erregung können in beiden Fällen zu Schädigungen führen.

Eine reduzierte Inhibition wurde im VCN (Bledsoe et al., 2009) gezeigt. Dort kam es im unbehandelten Versuchstier bei einer contralateralen akustischen Stimulation zu einer geringen Anregung der ipsilateralen Neurone (4 %), sowie zu einer Inhibition von einem Drittel der Neurone. Das änderte sich durch die einseitige Ertaubung: Im Mittel wurden der Hälfte der Neurone durch die contralaterale akustische Stimulation angeregt (Erhöhung der Spontanaktivität). Ähnliches konnte auch für den DCN gezeigt werden (Brown et al., 2013; Mast, 1970).

Diese verringerte Inhibition kann sich ebenso wie die direkte Innervierung des CN durch die vom IC kommenden, olivocochleären Efferenzen (Benson und Brown, 1990) auf die Aktivität der Neuronen des CN auswirken. So wird eine Reduktion der OHC-Aktivität um 20 dB, wie sie nach direkter elektrischer Aktivierung der olivocochleären Efferenzen in der Studie von Gifford und Guinan (Gifford und Guinan, 1987) gezeigt wurde, auch den Eingang in den DCN deutlich reduzieren und dort zu Aktivitätsveränderungen führen, die den in der vorliegenden Arbeit gezeigten Zellverlust auslösen könnten.

Bereits wenige Minuten nach der Beschädigung der Cochlea konnte eine erhöhte Spontanaktivität der Neurone in Form einer erhöhten Aktivität des ipsilateralen IC nach akustischer Stimulation des intakten Ohres gemessen werden (McAlpine et al., 1997; Mossop et al., 2000). Als mögliche Ursache für die erhöhte Erregung werden Veränderungen in der Expression von Neurotransmittern und/oder ihren Rezeptoren genannt (Mossop et al., 2000). So wird eine Veränderung (Reduktion) der GABA-Synthese im IC beschrieben, die zu einer geringeren Inhibition des contralateralen IC nach ipsilateraler akustischer Stimulation führen kann (McAlpine et al., 1997; Mossop et al., 2000; Vale et al., 2004). Eine geringere Inhibition wiederum kann ein erhöhtes Vorkommen des Neurotransmitters Glutamat und erhöhte Aktivität verursachen.

Die Folgen einer erhöhten Expression wurden sowohl nach einem Lärmtrauma (Gröschel et al., 2014b) als auch nach einem mechanischen Trauma wie der Entfernung der Cochlea (McAlpine et al., 1997; Mossop et al., 2000) als eine Erhöhung der Spontanaktivität in CN bzw. IC gezeigt, wie die im Folgenden dargestellten Traumata zeigen.

4.8.3 Mechanisches Trauma

Durch die Insertion des CI-Elektrodenarrays für Menschen in die Cochlea des Meerschweinchens werden die Strukturen der Cochlea mechanisch beschädigt. Endo- und Perilymphe werden vermischt. Es folgt ein kompletter Haarzellverlust und ein permanenter SNHL auf dieser Cochlea. Eine Demyelinisierung und Degeneration der SGZ wird anschließend durch den Haarzellverlust ausgelöst (Hardie und Shepherd, 1999; Shepherd und Hardie, 2001). Diese wiederum können zu einer Schädigung des CN und der aufsteigenden Hörbahn führen. Die Schädigung zeigt sich in Form eines Zellverlustes, wie er in der vorliegenden Arbeit und auch in anderen gezeigt wurde (Hardie und Shepherd, 1999; Lustig et al., 1994; Matsushima et al., 1991). Bei den genannten Studien kam es zusätzlich zu einer Reduktion des Zellvolumens und des CN-Volumens. Dieses wurde im Rahmen der vorliegenden Arbeit nicht näher bestimmt.

Nach der Beschädigung der Cochlea kommt es zu Veränderungen in der Neurotransmitterexpression (siehe Abschnitt 4.8.1) und als Folge zu Veränderungen in der Aktivität der Neurone (siehe Abschnitt 4.8.2).

4.8.4 Akustische Überstimulation (Lärm)

Eine akute starke Aktivierung der IHC und SGZ durch akustische Überstimulation könnte einen starken Glutamatausstoß an den Synapsen zwischen SGZ und Hörnerv verursachen. Dies geschieht besonders an den calciumdurchlässigen AMPA-Rezeptoren der „Endbulb of Held“ Synapsen, was zu einer starken und lange anhaltenden Aktivierung (Wang und Manis, 2008) führt.

Neben den gezeigten Schädigungen kam es in einer Studie (Lim et al., 2014) nach einseitiger Vertäubung zu einer verstärkten Schädigung nach einem Lärmtrauma. Eine elektrische Aktivierung des IC (Groff und Liberman, 2003) und des Ohres durch Lärm (Larsen und Liberman, 2009; Liberman, 1988) kann olivocochleäre Efferenzen beidseitig aktivieren, das CAP der Hörnerven und die Aktivität der OHC reduzieren. Wie in Studien gezeigt wurde, könnte die geringere Inhibition des IC (McAlpine et al., 1997; Mossop et al., 2000; Vale et al., 2004) als

Folge einer einseitigen Taubheit (wie auch in den Versuchsgruppen der vorliegenden Arbeit) ähnliche Auswirkungen haben.

4.8.4.1 Sauerstoffzufuhr und oxidativer Stress

Akustische (evtl. auch elektrische) Überstimulation kann vasokonstriktive Prozesse verursachen, was eine Reduzierung der Durchblutung zur Folge hat. Die damit verbundene Verringerung der Sauerstoffverfügbarkeit kann zu einer Schädigung des neuronalen Gewebes führen (Nakashima et al., 2003; Scheibe et al., 1993). Daraus resultierender oxidativer Stress kann in der Bildung von freien Radikalen resultieren, die eine stark schädigende Wirkung auf die Zell-DNA und damit auf die Zellen in der Cochlea haben können (Henderson et al., 2006).

Die Zellbeschädigung kann zu einem vermehrten Neurotransmitterausstoß führen (siehe Abschnitt 4.8.1) und als Folge kommt es zu Veränderungen in der neuronalen Spontanaktivität (siehe Abschnitt 4.8.2).

4.8.5 Deprivation (Obere Hörbahn)

Konsequenz einer Schädigung der Cochlea oder von Teilen der Hörbahn z.B. durch Gabe von ototoxischen Substanzen (Argence et al., 2008; Marianowski et al., 2000; Salvi et al., 2000), aber auch durch die mechanische Beschädigung der Cochlea bzw. Abtrennung des Hörnervs kommt es zu einer Deprivation der verbleibenden Strukturen (Argence et al., 2008; McAlpine et al., 1997; Mossop et al., 2000; Vale et al., 2004). Deprivation bedeutet eine Reduktion der exzitatorischen aber auch der inhibitorischen Eingänge. Auch hier gilt, dass ein reduzierter exzitatorischer Eingang zu einer verringerten Erregung, ein reduzierter inhibitorischer Eingang zu einer erhöhten Erregung führen kann (siehe Abschnitt 4.8.2). Jegliche Veränderung der exzitatorischen und inhibitorischen Eingänge kann zu einer weiteren Schädigung führen.

4.8.6 Elektrische Überstimulation

Eine einseitige Elektrostimulation des tauben Ohres kann die Eigenschaften der Nervenzellen verändern. So wurde nach einer einseitigen Elektrostimulation eine bilaterale Reduktion der Spontanaktivität im Gehirnschnitt gezeigt (Basta et al., 2015). Die Kerngebiete müssen im Gehirnschnitt aufgrund der fehlenden Afferenzen und Efferenzen jedoch ohne die Einflüsse von anderen Kerngebieten betrachtet werden (Basta und Ernst, 2005). Damit unterscheiden sich die Ergebnisse allerdings auch von In-Vivo-Experimenten. So könnte es nach einer elektrischen-Überstimulation zu ähnlichen Effekten (Erhöhung der Spontanaktivität) wie nach einer akustischen Überstimulation kommen.

Bei einer solchen erhöhten Spontanaktivität, die durch eine Elektrostimulation ausgelöst wurde, könnten, wie bei akustischer Überstimulation gezeigt wurde, längerfristig durch starken Calciumeinstrom verursachte nekrotische und apoptotische Prozesse stattfinden (Salińska et al., 2005). Eine Übererregung der neuronalen Strukturen führt zu einem verstärkten Neurotransmitter Ausstoß, der eine neurotoxische Wirkung haben kann, was zu einer Zellschädigung führen kann (Salińska et al., 2005). Die durch die elektrische Überstimulation ausgelöste Zellschädigung kann zu Veränderungen des Neurotransmitterausstoßes führen (siehe Abschnitt 4.8.1) und anschließend zu einer Veränderung der neuronalen Spontanaktivität (siehe 4.8.2).

Eine Elektrostimulation mit geringer Intensität führt zu einer Konservierung der Zelldichten in den für die vorliegende Arbeit untersuchten Kerngebieten. Bei einer Elektrostimulation mit hoher Intensität kann es zu einer Überstimulation und infolgedessen zu einer Zellschädigung in der Hörbahn kommen, wie sie auch in den Versuchen der vorliegenden Arbeit gezeigt wurde.

5 Ausblick

Weitere Untersuchungen der Zelldichten zu früheren und besonders zu späteren Zeitpunkten könnten die Entwicklung der durch die einseitige Elektrostimulation der Cochlea verursachten Effekte verdeutlichen. Untersuchungen an Versuchstieren mit 30 und 140 Tagen Elektrostimulation stehen kurz vor dem Abschluss.

Auch die ABR-Messungen der vorliegenden Arbeit liefern lediglich Daten über den Zeitpunkt der Untersuchung nach 90tägiger Elektrostimulation. Weitere Untersuchungen zu unterschiedlichen Zeitpunkten könnten weiteren Einblick in die Entwicklung der Hörschwellen nach einseitiger Ertaubung und nach einseitiger Elektrostimulation geben. Eine Untersuchung der Hörschwelle nach einem längeren Zeitraum mit einer höheren Anzahl an Versuchstieren könnte z.B. die Frage beantworten, ob neben den beiden gemessenen Hörverlusten der Versuchsgruppe LSR (2 von 9 Frequenzen signifikant) weitere entstehen oder ob diese bei einer größeren Stichprobe nicht mehr nachgewiesen werden können.

Die extrazellulären Messungen der vorliegenden Arbeit zeigten im AC nach einer CI-Stimulation Signale, die im physiologischen Bereich lagen. Mit Verhaltensversuchen könnte zusätzlich bestätigt werden, inwieweit diese Signale nicht nur eine Reaktion im AC auslösen, sondern auch von den Meerschweinchen als verschiedene Tonhöhen wahrgenommen werden.

Eine Untersuchung der SGZ, insbesondere der Zelldichte und des Volumens der Zellen, wäre ebenfalls von großem Interesse. Erwartet wird eine signifikant erhöhte Überlebensrate im elektrostimulierten Ohr, wie in einer Studie (Lousteau, 1987) gezeigt wurde. Die Depolarisation durch die Elektrostimulation scheint das Überleben der SGZ sehr effektiv zu unterstützen (Hansen et al., 2001; Hartshorn et al., 1991; Hegarty et al., 1997).

Weiterhin wäre es interessant zu untersuchen, ob ein Zellverlust einen Einfluss auf die Verarbeitungsqualität der eingehenden Informationen hat oder ob es sich um eine Anpassung des Gehirns auf einen verringerten Informationseingang handelt, der keinen Einfluss auf die Verarbeitungsqualität hat. Untersuchungen zu den Mechanismen der Apoptose/Nekrose, die zum nachgewiesenen Zellverlust führten wären auch sehr von Interesse.

6 Anhang

Tabelle 2: Anzahl der Gehirnschnitte (N) im DCN in den Versuchsgruppen und der Kontrollgruppe.

	LSR	MSR	HSR
DCN HF Schicht 1	N	N	N
Stimuliert ipsilateral	47	50	11
Kontrollgruppe ipsilateral	20	20	20
Stimuliert contralateral	48	44	21
Kontrollgruppe contralateral	20	20	20
DCN HF Schicht 2	N	N	N
Stimuliert ipsilateral	45	46	11
Kontrollgruppe ipsilateral	20	20	20
Stimuliert contralateral	52	30	22
Kontrollgruppe contralateral	19	20	20
DCN HF Schicht 3	N	N	N
Stimuliert ipsilateral	33	31	11
Kontrollgruppe ipsilateral	20	20	20
Stimuliert contralateral	37	36	22
Kontrollgruppe contralateral	20	20	20
DCN MF Schicht 1	N	N	N
Stimuliert ipsilateral	50	45	11
Kontrollgruppe ipsilateral	20	20	20
Stimuliert contralateral	38	45	22
Kontrollgruppe contralateral	20	20	20
DCN MF Schicht 2	N	N	N
Stimuliert ipsilateral	48	50	10
Kontrollgruppe ipsilateral	20	20	20
Stimuliert contralateral	38	45	22
Kontrollgruppe contralateral	20	20	20
DCN MF Schicht 3	N	N	N
Stimuliert ipsilateral	41	30	11
Kontrollgruppe ipsilateral	20	20	18
Stimuliert contralateral	51	32	22
Kontrollgruppe contralateral	20	20	20

	LSR	MSR	HSR
DCN TF Schicht 1	N	N	N
Stimuliert ipsilateral	48	49	11
Kontrollgruppe ipsilateral	20	20	20
Stimuliert contralateral	44	43	22
Kontrollgruppe contralateral	20	20	20
DCN TF Schicht 2	N	N	N
Stimuliert ipsilateral	47	48	11
Kontrollgruppe ipsilateral	20	20	20
Stimuliert contralateral	50	44	22
Kontrollgruppe contralateral	19	20	20
DCN TF Schicht 3	N	N	N
Stimuliert ipsilateral	29	30	11
Kontrollgruppe ipsilateral	20	19	20
Stimuliert contralateral	46	35	22
Kontrollgruppe contralateral	20	20	20

Tabelle 3: Anzahl der Gehirnschnitte (N) im DCN, in den drei untersuchten Frequenzbereichen sowie den drei Zellschichten gemeinsam, in den drei Versuchsgruppen und der Kontrollgruppe.

	LSR		MSR		HSR	
DCN HF gesamt	N		N		N	
Stimuliert ipsilateral		33		30		11
Kontrollgruppe ipsilateral		20		19		20
Stimuliert contralateral		37		30		22
Kontrollgruppe contralateral		19		20		20
DCN MF gesamt	N		N		N	
Stimuliert ipsilateral		41		30		11
Kontrollgruppe ipsilateral		20		19		20
Stimuliert contralateral		38		30		22
Kontrollgruppe contralateral		20		20		20
DCN TF gesamt	N		N		N	
Stimuliert ipsilateral		29		30		11
Kontrollgruppe ipsilateral		20		19		20
Stimuliert contralateral		46		30		22
Kontrollgruppe contralateral		19		20		20
DCN Schicht 1 gesamt	N		N		N	
Stimuliert ipsilateral		48		30		11
Kontrollgruppe ipsilateral		20		19		20
Stimuliert contralateral		38		30		22
Kontrollgruppe contralateral		20		20		20
DCN Schicht 2 gesamt	N		N		N	
Stimuliert ipsilateral		45		30		11
Kontrollgruppe ipsilateral		20		19		20
Stimuliert contralateral		38		30		22
Kontrollgruppe contralateral		19		20		20
DCN Schicht 3 gesamt	N		N		N	
Stimuliert ipsilateral		29		30		11
Kontrollgruppe ipsilateral		20		19		20
Stimuliert contralateral		37		30		22
Kontrollgruppe contralateral		20		20		20

Tabelle 4: Anzahl der Gehirnschnitte (N) im IC in den Versuchsgruppen und der Kontrollgruppe.

	LSR		MSR		HSR	
IC	N		N		N	
Stimuliert ipsilateral		60		60		60
Kontrollgruppe ipsilateral		60		60		60
Stimuliert contralateral		60		60		60
Kontrollgruppe contralateral		60		60		60

Tabelle 5: Anzahl der Gehirnschnitte (N) im MGB in den Versuchsgruppen und der Kontrollgruppe.

	LSR		MSR		HSR
MGB	N		N		N
Stimuliert ipsilateral	60		60		60
Kontrollgruppe ipsilateral	60		59		60
Stimuliert contralateral	60		60		60
Kontrollgruppe contralateral	60		60		60

Tabelle 6: Anzahl der Gehirnschnitte (N) in den sechs Schichten des AC in den Versuchsgruppen und der Kontrollgruppe.

	LSR		MSR		HSR
AC Schicht 1	N		N		N
Stimuliert ipsilateral	20		55		47
Kontrollgruppe ipsilateral	55		55		45
Stimuliert contralateral	28		60		44
Kontrollgruppe contralateral	35		35		50
AC Schicht 2	N		N		N
Stimuliert ipsilateral	22		59		47
Kontrollgruppe ipsilateral	56		56		46
Stimuliert contralateral	28		60		44
Kontrollgruppe contralateral	35		35		50
AC Schicht 3	N		N		N
Stimuliert ipsilateral	23		60		47
Kontrollgruppe ipsilateral	56		56		46
Stimuliert contralateral	28		60		44
Kontrollgruppe contralateral	43		43		49
AC Schicht 4	N		N		N
Stimuliert ipsilateral	26		60		47
Kontrollgruppe ipsilateral	55		55		46
Stimuliert contralateral	28		60		44
Kontrollgruppe contralateral	43		43		50
AC Schicht 5	N		N		N
Stimuliert ipsilateral	58		60		47
Kontrollgruppe ipsilateral	56		56		46
Stimuliert contralateral	51		60		44
Kontrollgruppe contralateral	43		43		49
AC Schicht 6	N		N		N
Stimuliert ipsilateral	60		60		47
Kontrollgruppe ipsilateral	56		56		46
Stimuliert contralateral	60		60		44
Kontrollgruppe contralateral	42		42		50

Literaturverzeichnis

Abbott, S. D.; Hughes, L. F.; Bauer, C. A.; Salvi, R.; Caspary, D. M. (1999): Detection of glutamate decarboxylase isoforms in rat inferior colliculus following acoustic exposure, Neuroscience 93 [4], Seite 1375-1381, PMID: 10501462.

Agterberg, M. J.; Versnel, H.; van Dijk, L. M.; de Groot, J. C.; Klis, S. F. (2009): Enhanced survival of spiral ganglion cells after cessation of treatment with brain-derived neurotrophic factor in deafened guinea pigs, J Assoc Res Otolaryngol 10 [3], Seite 355-367, PMID: 19365690.

Aitkin, L. M. (1973): Medial geniculate body of the cat: responses to tonal stimuli of neurons in medial division, J Neurophysiol 36 [2], Seite 275-283, PMID: 4574714.

Akin, I.; Kuran, G.; Saka, C.; Vural, M. (2006): Preliminary results on correlation between neural response imaging and 'most comfortable levels' in cochlear implantation, J Laryngol Otol 120 [4], Seite 261-265, PMID: 16623968.

Anderson, L. A.; Malmierca, M. S.; Wallace, M. N.; Palmer, A. R. (2006): Evidence for a direct, short latency projection from the dorsal cochlear nucleus to the auditory thalamus in the guinea pig, Eur J Neurosci 24 [2], Seite 491-498, PMID: 16836634.

Anderson, L. A.; Wallace, M. N.; Palmer, A. R. (2007): Identification of subdivisions in the medial geniculate body of the guinea pig, Hear Res 228 [1-2], Seite 156-167, PMID: 17399924.

Argence, M.; Vassias, I.; Kerhuel, L.; Vidal, P. P.; de Waele, C. (2008): Stimulation by cochlear implant in unilaterally deaf rats reverses the decrease of inhibitory transmission in the inferior colliculus, Eur J Neurosci 28 [8], Seite 1589-1602, PMID: 18973578.

Asako, M.; Holt, A. G.; Griffith, R. D.; Buras, E. D.; Altschuler, R. A. (2005): Deafness-related decreases in glycine-immunoreactive labeling in the rat cochlear nucleus, J Neurosci Res 81 [1], Seite 102-109, PMID: 15929063.

Ashmore, J. (2008): Cochlear outer hair cell motility, Physiol Rev 88 [1], Seite 173-210, PMID: 18195086.

Barrows, E. F.; Dodds, H. (1942): Body Temperature of mice during Anethesia, Am J Physiol Sep 1 [137], Seite 259-262

Basta, D. (2009): Perioperatives Monitoring objektiv-audiologischer Daten im Rahmen der Cochlear-Implant-Versorgung, In: Ernst, A.; Battmer, R. D. und Todt, I., Cochlear Implant heute, Springer, 31-38, Seite 31-38, ISBN: 9783540882350.

Basta, D.; Ernst, A. (2005): Erratum to "Noise-induced changes of neuronal spontaneous activity in mice inferior colliculus brain slices", Neurosci Lett 374 [1], Seite 74-9, PMID: 15714695.

Basta, D.; Götze, R.; Gröschel, M; Jansen, S.; Janke, O.; Tzschentke, B.; Boyle, P.; Ernst, A. (2015): Bilateral Changes of Spontaneous Activity Within the Central Auditory Pathway Upon Chronic Unilateral Intracochlear Electrical Stimulation, Otol Neurotol 36 [10], Seite 1759-1765, PMID: 26571409.

Basta, D.; Tzschentke, B.; Ernst, A. (2005): Noise-induced cell death in the mouse medial geniculate body and primary auditory cortex, Neurosci Lett 381 [1-2], Seite 199-204, PMID: 15882817.

Basta, D.; Vater, M. (2003): Membrane-based gating mechanism for auditory information in the mouse inferior colliculus, Brain Res 968 [2], Seite 171-178, PMID: 12663086.

Battmer, R. D. (2009): 25 Jahre Cochlear-Implantat in Deutschland – eine Erfolgsgeschichte mit Perspektiven: Indikationserweiterung, Reliabilität der Systeme, In: Ernst, A.; Battmer, R. D. und Todt, I., Cochlear Implant heute, Springer, Seite 1-9, ISBN: 9783540882350.

Battmer, R. D.; Laszig, R.; Lehnhardt, E. (1990): Electrically elicited stapedius reflex in cochlear implant patients, Ear Hear 11 [5], Seite 370-374, PMID: 2262087.

Bellos, C.; Rigas, G.; Spiridon, I. F.; Bibas, A.; Iliopoulou, D.; Böhnke, F.; Koutsouris, D.; Fotiadis, D. I. (2014): Reconstruction of cochlea based on micro-CT and histological images of the human inner ear, Biomed Res Int 2014, Seite 1-7, PMID: 25157360.

Benson, T. E.; Brown, M. C. (1990): Synapses formed by olivocochlear axon branches in the mouse cochlear nucleus, J Comp Neurol 295 [1], Seite 52-70, PMID: 2341636.

Blamey, P.; Arndt, P.; Bergeron, F.; Bredberg, G.; Brimacombe, J.; Facer, G.; Larky, J.; Lindstrom, B.; Nedzelski, J.; Peterson, A.; Shipp, D.; Staller, S.; Whitford, L. (1996): Factors affecting auditory performance of postlinguistically deaf adults using cochlear implants, Audiol Neurootol 1 [5], Seite 293-306, PMID: 9390810.

Blamey, P.; Artieres, F.; Baskent, D.; Bergeron, F.; Beynon, A.; Burke, E.; Dillier, N.; Dowell, R.; Fraysse, B.; Gallego, S.; Govaerts, P. J.; Green, K.; Huber, A. M.; Kleine-Punte, A.; Maat, B.; Marx, M.; Mawman, D.; Mosnier, I.; O'Connor, A. F.; O'Leary, S.; Rousset, A.; Schauwers, K.; Skarzynski, H.; Skarzynski, P. H.; Sterkers, O.; Terranti, A.; Truy, E.; Van de Heyning, P.; Venail, F.; Vincent, C.; Lazard, D. S. (2013): Factors affecting auditory performance of postlinguistically deaf adults using cochlear implants: an update with 2251 patients, Audiol Neurootol 18 [1], Seite 36-47, PMID: 23095305.

Blanks, D. A.; Roberts, J. M.; Buss, E.; Hall, J. W.; Fitzpatrick, D. C. (2007): Neural and behavioral sensitivity to interaural time differences using amplitude modulated tones with mismatched carrier frequencies, J Assoc Res Otolaryngol 8 [3], Seite 393-408, PMID: 17657543.

Bledsoe, S. C., Jr.; Koehler, S.; Tucci, D. L.; Zhou, J.; Le Prell, C.; Shore, S. E. (2009): Ventral cochlear nucleus responses to contralateral sound are mediated by commissural and olivocochlear pathways, J Neurophysiol 102 [2], Seite 886-900, PMID: 19458143.

Boisvert, I.; McMahon, C. M.; Dowell, R. C. (2012): Long-term monaural auditory deprivation and bilateral cochlear implants, Neuroreport 23 [3], Seite 195-199, PMID: 22182978.

Brown, C. J.; Hughes, M. L.; Luk, B.; Abbas, P. J.; Wolaver, A.; Gervais, J. (2000): The Relationship Between EAP and EABR Thresholds and Levels Used to Program the

Nucleus 24 Speech Processor: Data from Adults, Ear and Hearing 21 [2], Seite 151-163, PMID: 10777022.

Brown, M. C.; Drottar, M.; Benson, T. E.; Darrow, K. (2013): Commissural axons of the mouse cochlear nucleus, J Comp Neurol 521 [7], Seite 1683-1696, PMID: 23124982.

Buechner, A.; Frohne-Büchner, C.; Gaertner, L.; Stoever, T.; Battmer, R. D.; Lenarz, T. (2010): The Advanced Bionics High Resolution Mode: stimulation rates up to 5000 pps, Acta Otolaryngol 130 [1], Seite 114-123, PMID: 19479460.

Calford, M. B. (1983): The parcellation of the medial geniculate body of the cat defined by the auditory response properties of single units, J Neurosci 3 [11], Seite 2350-2364, PMID: 6631485.

Chen, G.; Decker, B.; Krishnan M., Vijaya P.; Sheppard, A.; Salvi, R. (2014): Prolonged noise exposure-induced auditory threshold shifts in rats, Hearing Research 317 [0], Seite 1-8, PMID: 25219503.

Ching, T. Y.; Incerti, P.; Hill, M. (2004): Binaural benefits for adults who use hearing aids and cochlear implants in opposite ears, Ear Hear 25 [1], Seite 9-21, PMID: 14770014.

Ching, T. Y.; van Wanrooy, E.; Dillon, H. (2007): Binaural-bimodal fitting or bilateral implantation for managing severe to profound deafness: a review, Trends Amplif 11 [3], Seite 161-192, PMID: 17709573.

Choi, D. W.; Koh, J. Y.; Peters, S. (1988): Pharmacology of glutamate neurotoxicity in cortical cell culture: attenuation by NMDA antagonists, J Neurosci 8 [1], Seite 185-196, PMID: 2892896.

Clark, G. M.; Shepherd, R. K.; Franz, B. K. H.; Dowell, R. C.; Tong, Y. C.; Blamey, P. J.; Webb, R. L.; Pyman, B. C.; McNaughtan, J.; Bloom, D. M.; Kakulas, B. A.; Siejka, S. (1988): The Histopathology of the Human Temporal Bone and Auditory Central Nervous System Following Cochlear Implantation in a Patient: Correlation with Psychophysics and Speech Perception Results, Acta Oto-laryngologica 105 [s448], Seite 1-65, PMID: 3176974.

Code, R. A.; Winer, J. A. (1985): Commissural neurons in layer III of cat primary auditory cortex (AI): pyramidal and non-pyramidal cell input, J Comp Neurol 242 [4], Seite 485-510, PMID: 2418078.

Coordes, A.; Gröschel, M.; Ernst, A.; Basta, D. (2012): Apoptotic cascades in the central auditory pathway after noise exposure, J Neurotrauma 29 [6], Seite 1249-1254, PMID: 21612312.

Crawford, J. M.; Curtis, D. R. (1964): The Excitation and Depression of Mammalian Cortical Neurones by Amino Acids, Br J Pharmacol Chemother 23, Seite 313-329, PMID: 14228133.

Culler, E.; Coakley, J. D.; Lowy, K.; Gross, N. (1943): A Revised Frequency-Map of the Guinea-Pig Cochlea, The American Journal of Psychology 56 [4], Seite 475-500.DOI: 10.2307/1417351

Curtis, D. R.; Watkins, J. C. (1963): Acidic amino acids with strong excitatory actions on mammalian neurones, J Physiol 166, Seite 1-14, PMID: 14024354.

Dallos, P. (2008): Cochlear amplification, outer hair cells and prestin, Curr Opin Neurobiol 18 [4], Seite 370-376, PMID: 18809494.

Dallos, P.; Harris, D. (1978): Properties of auditory nerve responses in absence of outer hair cells, J Neurophysiol 41 [2], Seite 365-383, PMID: 650272.

De No, R. Lorente (1933): Anatomy of the eighth nerve: III.—General plan of structure of the primary cochlear nuclei, The Laryngoscope 43 [4], Seite 327-350, PMID: 8628077.

Dodson, H. C.; Mohuiddin, A. (2000): Response of spiral ganglion neurones to cochlear hair cell destruction in the guinea pig, J Neurocytol 29 [7], Seite 525-537, PMID: 11279367.

Dum, N.; Schmidt, U.; von Wedel, H. (1980): Age-related changes in the auditory evoked brainstem potentials of albino and pigmented guinea pigs, Arch Otorhinolaryngol 228 [4], Seite 249-258, PMID: 7469932.

Dynes, S. B.; Delgutte, B. (1992): Phase-locking of auditory-nerve discharges to sinusoidal electric stimulation of the cochlea, Hear Res 58 [1], Seite 79-90, PMID: 1559909.

Eggermont, J. J. (2006): Cortical tonotopic map reorganization and its implications for treatment of tinnitus, Acta Otolaryngol Suppl [556], Seite 9-12, PMID: 17114136.

Eggermont, J. J.; Komiya, H. (2000): Moderate noise trauma in juvenile cats results in profound cortical topographic map changes in adulthood, Hear Res 142 [1-2], Seite 89-101, PMID: 10748332.

Eggermont, J. J.; Roberts, L. E. (2004): The neuroscience of tinnitus, Trends Neurosci 27 [11], Seite 676-682, PMID: 15474168.

Ehret, G. (1974): Age-dependent hearing loss in normal hearing mice, Naturwissenschaften 61 [11], Seite 506-507, PMID: 4449570.

Ehret, G.; Romand, R. (1997): The Central Auditory System, Oxford University Press, ISBN: 9780195096842.

Fallon, J. B.; Irvine, D. R.; Shepherd, R. K. (2008): Cochlear implants and brain plasticity, Hear Res 238 [1-2], Seite 110-117, PMID: 17910997.

Fallon, J. B.; Irvine, D. R.; Shepherd, R. K. (2009): Cochlear implant use following neonatal deafness influences the cochleotopic organization of the primary auditory cortex in cats, J Comp Neurol 512 [1], Seite 101-114, PMID: 18972570.

Fallon, J. B.; Shepherd, R. K.; Irvine, D. R. (2014): Effects of chronic cochlear electrical stimulation after an extended period of profound deafness on primary auditory cortex organization in cats, Eur J Neurosci 39 [5], Seite 811-820, PMID: 24325274.

Felix, H. (2002): Anatomical differences in the peripheral auditory system of mammals and man. A mini review, Adv Otorhinolaryngol 59, Seite 1-10, PMID: 11885648.

Fernández, C. (1952): Dimensions of the Cochlea (Guinea Pig), The Journal of the Acoustical Society of America 24 [5], Seite 519-523. doi: 10.1121/1.1906929

Finley, C. C.; Holden, T. A.; Holden, L. K.; Whiting, B. R.; Chole, R. A.; Neely, G. J.; Hullar, T. E.; Skinner, M. W. (2008): Role of electrode placement as a contributor to variability in cochlear implant outcomes, Otol Neurotol 29 [7], Seite 920-928, PMID: 18667935.

Fischer, C.; Lieu, J. (2014): Unilateral hearing loss is associated with a negative effect on language scores in adolescents, Int J Pediatr Otorhinolaryngol 78 [10], Seite 1611-1617, PMID: 25081604.

Flamme, G. A.; Wong, A.; Liebe, K.; Lynd, J. (2009): Estimates of auditory risk from outdoor impulse noise. II: Civilian firearms, Noise Health 11 [45], Seite 231-242, PMID: 19805933.

Francart, T.; Brokx, J.; Wouters, J. (2009): Sensitivity to interaural time differences with combined cochlear implant and acoustic stimulation, J Assoc Res Otolaryngol 10 [1], Seite 131-141, PMID: 19048344.

Friesen, L. M.; Shannon, R. V.; Cruz, R. J. (2005): Effects of stimulation rate on speech recognition with cochlear implants, Audiol Neurootol 10 [3], Seite 169-184, PMID: 15724088.

Frijns, J. H. M.; Klop, W. M. C.; Bonnet, R. M.; Briaire, J. J. (2003): Optimizing the Number of Electrodes with High-rate Stimulation of the Clarion CII Cochlear Implant, Acta Oto-laryngologica 123 [2], Seite 138-142, PMID: 12701728.

Frisina, R.D.; Walton, J.P. (2001): Neuroanatomy of the central auditory System, In: Willott, J.F., Handbook of Mouse Auditory Research: From Behavior to Molecular Biology, CRC Press, ISBN: 9781420038736.

Fukushima, N.; White, P.; Harrison, R. V. (1990): Influence of acoustic deprivation on recovery of hair cells after acoustic trauma, Hear Res 50 [1-2], Seite 107-118, PMID: 2076966.

Galambos, R.; Myers, R. E.; Sheatz, G. C. (1961): Extralemniscal Activation of Auditory Cortex in Cats, American Journal of Physiology 200 [1], Seite 23-28, PMID: WOS:A19613422A00010.

Gifford, M. L.; Guinan, J. J., Jr. (1987): Effects of electrical stimulation of medial olivocochlear neurons on ipsilateral and contralateral cochlear responses, Hear Res 29 [2-3], Seite 179-194, PMID: 3624082.

Greenwood, D. D. (1996): Comparing octaves, frequency ranges, and cochlear-map curvature across species, Hearing Research 94 [1–2], Seite 157-162, PMID: 8789821.

Groff, J. A.; Liberman, M. C. (2003): Modulation of cochlear afferent response by the lateral olivocochlear system: activation via electrical stimulation of the inferior colliculus, J Neurophysiol 90 [5], Seite 3178-3200, PMID: 14615429.

Gröschel, M.; Götze, R.; Ernst, A.; Basta, D. (2010): Differential impact of temporary and permanent noise-induced hearing loss on neuronal cell density in the mouse central auditory pathway, J Neurotrauma 27 [8], Seite 1499-1507, PMID: 20504154.

Gröschel, M.; Hubert, N.; Müller, S.; Ernst, A.; Basta, D. (2014a): Age-dependent changes of calcium related activity in the central auditory pathway, Exp Gerontol 58C, Seite 235-243, PMID: 25176163.

Gröschel, M.; Müller, S.; Götze, R.; Ernst, A.; Basta, D. (2011): The possible impact of noise-induced Ca2+-dependent activity in the central auditory pathway: a manganese-enhanced MRI study, Neuroimage 57 [1], Seite 190-197, PMID: 21530663.

Gröschel, M.; Ryll, J.; Götze, R.; Ernst, A.; Basta, D. (2014b): Acute and long-term effects of noise exposure on the neuronal spontaneous activity in cochlear nucleus and inferior colliculus brain slices, Biomed Res Int 2014, Seite 1-8, PMID: 25110707.

Guiraud, J.; Besle, J.; Arnold, L.; Boyle, P.; Giard, M. H.; Bertrand, O.; Norena, A.; Truy, E.; Collet, L. (2007): Evidence of a tonotopic organization of the auditory cortex in cochlear implant users, J Neurosci 27 [29], Seite 7838-7846, PMID: 17634377.

Hansen, M. R.; Zha, X. M.; Bok, J.; Green, S. H. (2001): Multiple distinct signal pathways, including an autocrine neurotrophic mechanism, contribute to the survival-promoting effect of depolarization on spiral ganglion neurons in vitro, J Neurosci 21 [7], Seite 2256-2267, PMID: 11264301.

Hardie, N. A.; Shepherd, R. K. (1999): Sensorineural hearing loss during development: morphological and physiological response of the cochlea and auditory brainstem, Hear Res 128 [1-2], Seite 147-165, PMID: 10082295.

Hartshorn, D. O.; Miller, J. M.; Altschuler, R. A. (1991): Protective effect of electrical stimulation in the deafened guinea pig cochlea, Otolaryngol Head Neck Surg 104 [3], Seite 311-319, PMID: 1902931.

Hassepass, F.; Aschendorff, A.; Wesarg, T.; Kröger, S.; Laszig, R.; Beck, R. L.; Schild, C.; Arndt, S. (2013): Unilateral deafness in children: audiologic and subjective assessment of hearing ability after cochlear implantation, Otol Neurotol 34 [1], Seite 53-60, PMID: 23202150.

Heffer, L. F.; Sly, D. J.; Fallon, J. B.; White, M. W.; Shepherd, R. K.; O'Leary, S. J. (2010): Examining the Auditory Nerve Fiber Response to High Rate Cochlear Implant Stimulation: Chronic Sensorineural Hearing Loss and Facilitation, Journal of Neurophysiology 104 [6], Seite 3124-3135, PMID: 20926607.

Hegarty, J. L.; Kay, A. R.; Green, S. H. (1997): Trophic support of cultured spiral ganglion neurons by depolarization exceeds and is additive with that by neurotrophins or cAMP and requires elevation of [Ca2+]i within a set range, J Neurosci 17 [6], Seite 1959-1970, PMID: 9045725.

Hellweg, F. C.; Koch, R.; Vollrath, M. (1977): Representation of the cochlea in the neocortex of guinea pigs, Experimental Brain Research 29 [3-4], Seite 467-474, PMID: 913526.

Henderson, D.; Bielefeld, E. C.; Harris, K. C.; Hu, B. H. (2006): The role of oxidative stress in noise-induced hearing loss, Ear Hear 27 [1], Seite 1-19, PMID: 16446561.

Henderson, D.; Subramaniam, M.; Boettcher, F. A. (1993): Individual susceptibility to noise-induced hearing loss: an old topic revisited, Ear Hear 14 [3], Seite 152-168, PMID: 8344472.

Hendry, S. H.; Jones, E. G. (1988): Activity-dependent regulation of GABA expression in the visual cortex of adult monkeys, Neuron 1 [8], Seite 701-712, PMID: 3272185.

Henkin, Y.; Kaplan-Neeman, R.; Muchnik, C.; Kronenberg, J.; Hildesheimer, M. (2003): Changes over time in the psycho-electric parameters in children with cochlear implants, Int J Audiol 42 [5], Seite 274-278, PMID: 12916700.

Hood, L. J.; Berlin, C. I.; Heffner, R. S.; Morehouse, C. R.; Smith, E. G.; Barlow, E. K. (1991): Objective auditory threshold estimation using sine-wave derived responses, Hear Res 55 [1], Seite 109-116, PMID: 1752790.

Huetz, C.; Guedin, M.; Edeline, J. M. (2014): Neural correlates of moderate hearing loss: time course of response changes in the primary auditory cortex of awake guinea-pigs, Front Syst Neurosci 8, Seite 1-12, PMID: 24808831.

Hughes, M. L.; Vander Werff, K. R.; Brown, C. J.; Abbas, P. J.; Kelsay, D. M.; Teagle, H. F.; Lowder, M. W. (2001): A longitudinal study of electrode impedance, the electrically evoked compound action potential, and behavioral measures in nucleus 24 cochlear implant users, Ear Hear 22 [6], Seite 471-486, PMID: 11770670.

Illing, R. B.; Kraus, K. S.; Meidinger, M. A. (2005): Reconnecting neuronal networks in the auditory brainstem following unilateral deafening, Hear Res 206 [1-2], Seite 185-199, PMID: 16081008.

Imig, T. J.; Morel, A. (1985): Tonotopic organization in ventral nucleus of medial geniculate body in the cat, J Neurophysiol 53 [1], Seite 309-340, PMID: 3973661.

Ingham, N. J.; Comis, S. D.; Withington, D. J. (1999): Hair cell loss in the aged guinea pig cochlea, Acta Otolaryngol 119 [1], Seite 42-47, PMID: 10219383.

Janssen, T.; Niedermeyer, H. P.; Arnold, W. (2006): Diagnostics of the cochlear amplifier by means of distortion product otoacoustic emissions, ORL J Otorhinolaryngol Relat Spec 68 [6], Seite 334-339, PMID: 17065826.

Jones, E. G. (1993): GABAergic neurons and their role in cortical plasticity in primates, Cereb Cortex 3 [5], Seite 361-372, PMID: 8260806.

Kandel, E. (2013): Principles of Neural Science, Fifth Edition, McGraw-Hill Education, ISBN: 9780071390118.

Kandler, K.; Clause, A.; Noh, J. (2009): Tonotopic reorganization of developing auditory brainstem circuits, Nat Neurosci 12 [6], Seite 711-717, PMID: 19471270.

Kim, L. S.; Jeong, S. W.; Lee, Y. M.; Kim, J. S. (2010): Cochlear implantation in children, Auris Nasus Larynx 37 [1], Seite 6-17, PMID: 19897328.

Knipper, M.; Van Dijk, P.; Nunes, I.; Rüttiger, L.; Zimmermann, U. (2013): Advances in the neurobiology of hearing disorders: recent developments regarding the basis of tinnitus and hyperacusis, Prog Neurobiol 111, Seite 17-33, PMID: 24012803.

Konings, A.; Van Laer, L.; Pawelczyk, M.; Carlsson, P. I.; Bondeson, M. L.; Rajkowska, E.; Dudarewicz, A.; Vandeveldel, A.; Fransen, E.; Huyghe, J.; Borg, E.; Sliwinska-Kowalska, M.; Van Camp, G. (2007): Association between variations in CAT and noise-induced hearing loss in two independent noise-exposed populations, Human Molecular Genetics 16 [15], Seite 1872-1883, PMID: 17567781.

Kraus, K. S.; Ding, D.; Jiang, H.; Lobarinas, E.; Sun, W.; Salvi, R. J. (2011): Relationship between noise-induced hearing-loss, persistent tinnitus and growth-associated protein-

43 expression in the rat cochlear nucleus: does synaptic plasticity in ventral cochlear nucleus suppress tinnitus?, Neuroscience 194, Seite 309-325, PMID: 21821100.

Kujawa, S. G.; Liberman, M. C. (2009): Adding insult to injury: cochlear nerve degeneration after "temporary" noise-induced hearing loss, J Neurosci 29 [45], Seite 14077-14085, PMID: 19906956.

Larsen, E.; Liberman, M. C. (2009): Slow build-up of cochlear suppression during sustained contralateral noise: Central modulation of olivocochlear efferents?, Hear Res, Seite 1-10, PMID: 19232534.

Larsen, E.; Liberman, M. C. (2010): Contralateral cochlear effects of ipsilateral damage: no evidence for interaural coupling, Hear Res 260 [1-2], Seite 70-80, PMID: 19944141.

Li, L.; Parkins, C. W.; Webster, D. B. (1999): Does electrical stimulation of deaf cochleae prevent spiral ganglion degeneration?, Hear Res 133 [1-2], Seite 27-39, PMID: 10416862.

Liberman, M. C. (1988): Response properties of cochlear efferent neurons: monaural vs. binaural stimulation and the effects of noise, J Neurophysiol 60 [5], Seite 1779-1798, PMID: 3199181.

Liberman, M. Charles; Dodds, Leslie W. (1984): Single-neuron labeling and chronic cochlear pathology. III. Stereocilia damage and alterations of threshold tuning curves, Hearing Research 16 [1], Seite 55-74, PMID: 6511673.

Lieu, J. E.; Tye-Murray, N.; Karzon, R. K.; Piccirillo, J. F. (2010): Unilateral hearing loss is associated with worse speech-language scores in children, Pediatrics 125 [6], Seite e1348-e1355, PMID: 20457680.

Lim, H. W.; Lee, J. W.; Chung, J. W. (2014): Vulnerability to acoustic trauma in the normal hearing ear with contralateral hearing loss, Ann Otol Rhinol Laryngol 123 [4], Seite 286-292, PMID: 24671484.

Lousteau, R. J. (1987): Increased spiral ganglion cell survival in electrically stimulated, deafened guinea pig cochleae, Laryngoscope 97 [7 Pt 1], Seite 836-842, PMID: 3600136.

Lu, J.; Cheng, X.; Li, Y.; Zeng, L.; Zhao, Y. (2005): Evaluation of individual susceptibility to noise-induced hearing loss in textile workers in China, Arch Environ Occup Health 60 [6], Seite 287-294, PMID: 17447571.

Lustig, L. R.; Leake, P. A.; Snyder, R. L.; Rebscher, S. J. (1994): Changes in the cat cochlear nucleus following neonatal deafening and chronic intracochlear electrical stimulation, Hear Res 74 [1-2], Seite 29-37, PMID: 8040097.

Malmierca, M. S.; Merchán M. A. (2004): Auditory System, The, In: Paxinos, G., Rat Nervous System, The, Academic Press, Seite 997-1006, ISBN: 9781281027269.

Manis, P. B.; Spirou, G. A.; Wright, D. D.; Paydar, S.; Ryugo, D. K. (1994): Physiology and morphology of complex spiking neurons in the guinea pig dorsal cochlear nucleus, J Comp Neurol 348 [2], Seite 261-276, PMID: 7814691.

Margolis, R. H. (1993): Detection of hearing impairment with the acoustic stapedius reflex, Ear Hear 14 [1], Seite 3-10, PMID: 8444335.

Marianowski, R.; Liao, W. H.; Van Den Abbeele, T.; Fillit, P.; Herman, P.; Frachet, B.; Huy, P. T. (2000): Expression of NMDA, AMPA and GABA(A) receptor subunit mRNAs in the rat auditory brainstem. I. Influence of early auditory deprivation, Hear Res 150 [1-2], Seite 1-11, PMID: 11077189.

Mast, T. E. (1970): Binaural interaction and contralateral inhibition in dorsal cochlear nucleus of the chinchilla, J Neurophysiol 33 [1], Seite 108-115, PMID: 5411507.

Matsushima, J. I.; Shepherd, R. K.; Seldon, H. L.; Xu, S. A.; Clark, G. M. (1991): Electrical stimulation of the auditory nerve in deaf kittens: effects on cochlear nucleus morphology, Hear Res 56 [1-2], Seite 133-142, PMID: 1769908.

Maurer, J.; Eckhardt-Henn, A. (1999): Neurootologie: mit Schwerpunkt Untersuchungstechniken, Thieme, ISBN: 9783131146816.

McAlpine, D.; Martin, R. L.; Mossop, J. E.; Moore, D. R. (1997): Response properties of neurons in the inferior colliculus of the monaurally deafened ferret to acoustic stimulation of the intact ear, J Neurophysiol 78 [2], Seite 767-779, PMID: 9307111.

Milbrandt, J. C.; Holder, T. M.; Wilson, M. C.; Salvi, R. J.; Caspary, D. M. (2000): GAD levels and muscimol binding in rat inferior colliculus following acoustic trauma, Hear Res 147 [1-2], Seite 251-260, PMID: 10962189.

Miller, A. L. (2001): Effects of chronic stimulation on auditory nerve survival in ototoxically deafened animals, Hear Res 151 [1-2], Seite 1-14, PMID: 11124447.

Miller, C. A.; Abbas, P. J.; Robinson, B. K.; Nourski, K. V.; Zhang, F.; Jeng, F. C. (2009): Auditory nerve fiber responses to combined acoustic and electric stimulation, J Assoc Res Otolaryngol 10 [3], Seite 425-445, PMID: 19205803.

Miller, J. M.; Sutton, D.; Webster, D. B. (1980): Brainstem histopathology following chronic scala tympani implantation in monkeys, Ann Otol Rhinol Laryngol Suppl 89 [2 Pt 2], PMID: 6769376.

Mitchell, A.; Miller, J. M.; Finger, P. A.; Heller, J. W.; Raphael, Y.; Altschuler, R. A. (1997): Effects of chronic high-rate electrical stimulation on the cochlea and eighth nerve in the deafened guinea pig, Hear Res 105 [1-2], Seite 30-43, PMID: 9083802.

Møller, A. R. (2006): Hearing : anatomy, physiology, and disorders of the auditory system, Academic, Oxford, ISBN: 9780123725196.

Morest, D. K. (1964): The Neuronal Architecture of the Medial Geniculate Body of the Cat, J Anat 98, Seite 611-30, PMID: 14229992.

Morest, D. K. (1965): The Laminar Structure of the Medial Geniculate Body of the Cat, J Anat 99, Seite 143-60, PMID: 14245341.

Mossop, J. E.; Wilson, M. J.; Caspary, D. M.; Moore, D. R. (2000): Down-regulation of inhibition following unilateral deafening, Hear Res 147 [1-2], Seite 183-187, PMID: 10962184.

Muniak, M. A.; Ryugo, D. K. (2014): Tonotopic organization of vertical cells in the dorsal cochlear nucleus of the CBA/J mouse, J Comp Neurol 522 [4], Seite 937-949, PMID: 23982998.

Nadol, J. B., Jr (1988): Comparative anatomy of the cochlea and auditory nerve in mammals, Hearing Research 34 [3], Seite 253-266, PMID: 3049492.

Nakamura, M.; Rosahl, S. K.; Alkahlout, E.; Gharabaghi, A.; Walter, G. F.; Samii, M. (2003): C-Fos immunoreactivity mapping of the auditory system after electrical stimulation of the cochlear nerve in rats, Hear Res 184 [1-2], Seite 75-81, PMID: 14553905.

Nakashima, T.; Naganawa, S.; Sone, M.; Tominaga, M.; Hayashi, H.; Yamamoto, H.; Liu, X.; Nuttall, A. L. (2003): Disorders of cochlear blood flow, Brain Res Brain Res Rev 43 [1], Seite 17-28, PMID: 14499459.

Newman, A. N.; I.S., Storper; Wackym, P. A. (2000): Central Representation of the Eighth Cranial Nerve, In: Canalis, R.F. und Lambert, P.R., The Ear: Comprehensive Otology, Lippincott Williams & Wilkins, ISBN: 9780781715584.

Noda, Y.; Pirsig, W. (1974): Anatomical projection of the cochlea to the cochlear nuclei of the guinea pig, Arch Otorhinolaryngol 208 [2], Seite 107-120, PMID: 4139944.

Nölle, C.; Todt, I.; Basta, D.; Unterberg, A.; Mautner, V. F.; Ernst, A. (2003): Cochlear implantation after acoustic tumour resection in neurofibromatosis type 2: impact of intra- and postoperative neural response telemetry monitoring, ORL J Otorhinolaryngol Relat Spec 65 [4], Seite 230-234, PMID: 14564100.

Noreña, A. J.; Eggermont, J. J. (2005): Enriched acoustic environment after noise trauma reduces hearing loss and prevents cortical map reorganization, J Neurosci 25 [3], Seite 699-705, PMID: 15659607.

Nospes, S.; Mann, W.; Keilmann, A. (2013): [Magnetic resonance imaging in patients with magnetic hearing implants: overview and procedural management], Radiologe 53 [11], Seite 1026-1032, PMID: 24113904.

Nozawa, I.; Imamura, S.; Fujimori, I.; Hashimoto, K.; Shimomura, S.; Hisamatsu, K.; Murakami, Y. (1996): Age-related alterations in the auditory brainstem responses and the compound action potentials in guinea pigs, Laryngoscope 106 [8], Seite 1034-1039, PMID: 8699896.

Palmer, A. R.; Russell, I. J. (1986): Phase-locking in the cochlear nerve of the guinea-pig and its relation to the receptor potential of inner hair-cells, Hearing Research 24 [1], Seite 1-15, PMID: 3759671.

Phillips, S. L.; Mace, S. (2008): Sound level measurements in music practice rooms, Music Performance Research 2 [1], Seite 36-47

Pinault, D. (2004): The thalamic reticular nucleus: structure, function and concept, Brain Research Reviews 46 [1], Seite 1-31, PMID: 15297152.

Pinault, D. (2005): A new stabilizing craniotomy-duratomy technique for single-cell anatomo-electrophysiological exploration of living intact brain networks, J Neurosci Methods 141 [2], Seite 231-242, PMID: 15661305.

Powell, T. P. S.; Erulkar, S. D. (1962): Transneuronal cell degeneration in the auditory relay nuclei of the cat, J Anat 96, Seite 249-268, PMID: 14488390.

Ptok, M. (2009): Ursachen und entwicklungsphysiologische Diagnostik kindlicher Schwerhörigkeiten, In: Ernst, A.; Battmer, R. D. und Todt, I., Cochlear Implant heute, Springer, Seite 11-25, ISBN: 9783540882350.

Raphael, Y.; Altschuler, R. A. (2003): Structure and innervation of the cochlea, Brain Research Bulletin 60 [5-6], Seite 397-422, PMID: 12787864.

Robinson, E. J.; Davidson, L. S.; Uchanski, R. M.; Brenner, C. M.; Geers, A. E. (2012): A longitudinal study of speech perception skills and device characteristics of adolescent cochlear implant users, J Am Acad Audiol 23 [5], Seite 341-349, PMID: 22533977.

Roettger, V.; Lipton, P. (1996): Mechanism of glutamate release from rat hippocampal slices during in vitro ischemia, Neuroscience 75 [3], Seite 677-685, PMID: 8951864.

Rubinstein, J. T.; Wilson, B. S.; Finley, C. C.; Abbas, P. J. (1999): Pseudospontaneous activity: stochastic independence of auditory nerve fibers with electrical stimulation, Hear Res 127 [1-2], Seite 108-118, PMID: 9925022.

Ruggero, M. A.; Temchin, A. N. (2002): The roles of the external, middle, and inner ears in determining the bandwidth of hearing, Proc Natl Acad Sci U S A 99 [20], Seite 13206-13210, PMID: 12239353.

Ryugo, D. K.; May, S. K. (1993): The projections of intracellularly labeled auditory nerve fibers to the dorsal cochlear nucleus of cats, J Comp Neurol 329 [1], Seite 20-35, PMID: 8454724.

Ryugo, D. K.; Parks, T. N. (2003): Primary innervation of the avian and mammalian cochlear nucleus, Brain Res Bull 60 [5-6], Seite 435-456, PMID: 12787866.

Ryugo, D. K.; Willard, F. H. (1985): The dorsal cochlear nucleus of the mouse: a light microscopic analysis of neurons that project to the inferior colliculus, J Comp Neurol 242 [3], Seite 381-396, PMID: 2418077.

Salińska, E.; Danysz, W.; Lazarewicz, J. W. (2005): The role of excitotoxicity in neurodegeneration, Folia Neuropathol 43 [4], Seite 322-339, PMID: 16416396.

Salvi, R. J.; Wang, J.; Ding, D. (2000): Auditory plasticity and hyperactivity following cochlear damage, Hear Res 147 [1-2], Seite 261-274, PMID: 10962190.

Scheibe, F.; Haupt, H.; Ludwig, C. (1993): Intensity-related changes in cochlear blood flow in the guinea pig during and following acoustic exposure, Eur Arch Otorhinolaryngol 250 [5], Seite 281-5, PMID: 8217130.

Schmidt, R. S.; Fernandez, C. (1963): Development of mammalian endocochlear potential, Journal of Experimental Zoology 153 [3], Seite 227-235, PMID: 14059577.

Schmidt, R. S.; Fernández, C. (1962): Labyrinthine DC Potentials in Representative Vertebrates, Journal of Cellular and Comparative Physiology 59 [3], Seite 311-322, PMID: 13908794.

Schneider, M. E.; Belyantseva, I. A.; Azevedo, R. B.; Kachar, B. (2002): Structural cell biology: Rapid renewal of auditory hair bundles, Nature 418 [6900], Seite 837-838, PMID: 12192399.

Schwab, B.; Salcher, R.; Teschner, M. (2014): Comparison of two different titanium couplers for an active middle ear implant, Otol Neurotol 35 [9], Seite 1615-1620, PMID: 25203563.

Shepherd, R. K.; Hardie, N. A. (2001): Deafness-induced changes in the auditory pathway: implications for cochlear implants, Audiol Neurootol 6 [6], Seite 305-318, PMID: 11847461.

Shepherd, R. K.; Javel, E. (1997): Electrical stimulation of the auditory nerve. I. Correlation of physiological responses with cochlear status, Hearing Research 108 [1–2], Seite 112-144, PMID: 9213127.

Shepherd, R. K.; Roberts, L. A.; Paolini, A. G. (2004): Long-term sensorineural hearing loss induces functional changes in the rat auditory nerve, European Journal of Neuroscience 20 [11], Seite 3131-3140, PMID: 15579167.

Śliwińska-Kowalska, M.; Dudarewicz, A.; Kotyło, P.; Zamysłowska-Szmytke, E.; Pawlaczyk-łuszczynska, M.; Gajda-Szadkowska, A. (2006): Individual susceptibility to noise-induced hearing loss: choosing an optimal method of retrospective classification of workers into noise-susceptible and noise-resistant groups, Int J Occup Med Environ Health 19 [4], Seite 235-245, PMID: 17402219.

Sliwinska-Kowalska, M.; Noben-Trauth, K.; Pawelczyk, M.; Kowalski, T. J. (2008): Single nucleotide polymorphisms in the Cadherin 23 (CDH23) gene in Polish workers exposed to industrial noise, American Journal of Human Biology 20 [4], Seite 481-483, PMID: 18348277.

Sly, D. J.; Heffer, L. F.; White, M. W.; Shepherd, R. K.; Birch, M. G. J.; Minter, R. L.; Nelson, N. E.; Wise, A. K.; O'Leary, S. J. (2007): Deafness alters auditory nerve fibre responses to cochlear implant stimulation, European Journal of Neuroscience 26 [2], Seite 510-522, PMID: 17650121.

Smith, P.H.; Spirou, G. A. (2002): From the Cochlea to the Cortex and Back, In: Oertel, D.; Fay, R. R. und Popper, A. N., Integrative Functions in the Mammalian Auditory Pathway, Springer, ISBN: 9780387989037.

Spahr, A. J.; Dorman, M. F.; Loiselle, L. H. (2007): Performance of patients using different cochlear implant systems: effects of input dynamic range, Ear Hear 28 [2], Seite 260-275, PMID: 17496675.

Stakhovskaya, O.; Sridhar, D.; Bonham, B. H.; Leake, P. A. (2007): Frequency map for the human cochlear spiral ganglion: implications for cochlear implants, J Assoc Res Otolaryngol 8 [2], Seite 220-233, PMID: 17318276.

Steinmann, S.; Leicht, G.; Mulert, C. (2014): Interhemispheric auditory connectivity: structure and function related to auditory verbal hallucinations, Front Hum Neurosci 8, Seite 1-10, PMID: 24574995.

Stevens, G.; Flaxman, S.; Brunskill, E.; Mascarenhas, M.; Mathers, C. D.; Finucane, M.; Global Burden of Disease Hearing Loss Expert, Group (2013): Global and regional hearing impairment prevalence: an analysis of 42 studies in 29 countries, Eur J Public Health 23 [1], Seite 146-152, PMID: 22197756.

Taniguchi, I.; Horikawa, J.; Hosokawa, Y.; Nasu, M. (1997): Optical imaging of neural activity in auditory cortex induced by intracochlear electrical stimulation, Acta Otolaryngol Suppl 532, Seite 83-88, PMID: 9442849.

Távora-Vieira, D.; De Ceulaer, G.; Govaerts, P. J.; Rajan, G. P. (2014): Cochlear Implantation Improves Localization Ability in Patients With Unilateral Deafness, Ear Hear, Seite 1-6, PMID: 25474416.

Tindal, J. S. (1965): The forebrain of the guinea pig in stereotaxic coordinates, The Journal of Comparative Neurology 124 [2], Seite 259-266, PMID: 14330744.

Tolkien, J. R. R.; Steinbach, P.; Lau, B.; Schröder, E.; Steffen, M.; Haase, M. (2003): Der Herr der Ringe Hörspiel, Der Hörverl., München, ISBN: 9783899402650.

Vale, C.; Juíz, J. M.; Moore, D. R.; Sanes, D. H. (2004): Unilateral cochlear ablation produces greater loss of inhibition in the contralateral inferior colliculus, Eur J Neurosci 20 [8], Seite 2133-2140, PMID: 15450092.

Van Laer, L.; Carlsson, P. I.; Ottschytsch, N.; Bondeson, M. L.; Konings, A.; Vandevelde, A.; Dieltjens, N.; Fransen, E.; Snyders, D.; Borg, E.; Raes, A.; Van Camp, G. (2006): The contribution of genes involved in potassium-recycling in the inner ear to noise-induced hearing loss, Hum Mutat 27 [8], Seite 786-795, PMID: 16823764.

Vollmer, M.; Hartmann, R.; Tillein, J. (2010): Neuronal responses in cat inferior colliculus to combined acoustic and electric stimulation, Adv Otorhinolaryngol 67, Seite 61-69, PMID: 19955722.

Voss, J.; Bischof, H. J. (2003): Regulation of ipsilateral visual information within the tectofugal visual system in zebra finches, J Comp Physiol A Neuroethol Sens Neural Behav Physiol 189 [7], Seite 545-553, PMID: 12811488.

Wackym, P. A.; Michel, M. A.; Prost, R. W.; Banks, K. L.; Runge-Samuelson, C. L.; Firszt, J. B. (2004): Effect of magnetic resonance imaging on internal magnet strength in Med-El Combi 40+ cochlear implants, Laryngoscope 114 [8], Seite 1355-1361, PMID: 15280707.

Wang, Y.; Manis, P. B. (2008): Short-term synaptic depression and recovery at the mature mammalian endbulb of Held synapse in mice, J Neurophysiol 100 [3], Seite 1255-1264, PMID: 18632895.

Webster, D. B. (1992): An Overview of Mammalian Auditory Pathways with an Emphasis on Humans, In: Webster, D. B.; Popper, A. N. und Fay, R. R., The Mammalian Auditory Pathway: Neuroanatomy, Springer-Verlag, ISBN: 9780387978000.

Webster, D. B.; Popper, A. N.; Fay, R. R. (1992): The Mammalian Auditory Pathway: Neuroanatomy, Springer-Verlag, ISBN: 9780387978000.

Welker, W.; Johnson J.I. (2014a): Cell Stain Brain Atlas of the Domesticated Guinea Pig (Cavia porcellus) #60-1 (Cochlear Nucleus), URL: http://www.brainmuseum.org/Specimens/rodentia/guineapig/sections/GPig60-1_1360c.jpg (Stand 22.04.2014)

Welker, W.; Johnson J.I. (2014b): Cell Stain Brain Atlas of the Domesticated Guinea Pig (Cavia porcellus) #60-1 (Inferior Colliculus), URL:

http://www.brainmuseum.org/Specimens/rodentia/guineapig/sections/GPig60-1_1180c.jpg (Stand 22.04.2014), (Stand 22.04.2014)

Welker, W.; Johnson J.I. (2014c): Cell Stain Brain Atlas of the Domesticated Guinea Pig (Cavia porcellus) #60-1 (Medial Geniculate Body and Auditory Cortex), URL: http://www.brainmuseum.org/Specimens/rodentia/guineapig/sections/GPig60-1_1020c.jpg (Stand 22.04.2014), (Stand 22.04.2014)

Wilson, Blake S.; Finley, Charles C.; Lawson, Dewey T.; Wolford, Robert D.; Eddington, Donald K.; Rabinowitz, William M. (1991): Better speech recognition with cochlear implants, Nature 352 [6332], Seite 236-238, PMID: 1857418.

Winer, J. A.; Kelly, J. B.; Larue, D. T. (1999a): Neural architecture of the rat medial geniculate body, Hear Res 130 [1-2], Seite 19-41, PMID: 10320097.

Winer, J. A.; Sally, S. L.; Larue, D. T.; Kelly, J. B. (1999b): Origins of medial geniculate body projections to physiologically defined zones of rat primary auditory cortex, Hear Res 130 [1-2], Seite 42-61, PMID: 10320098.

Wysocki, J. (2005): Topographical anatomy of the guinea pig temporal bone, Hear Res 199 [1-2], Seite 103-110, PMID: 15574304.

Yang, M.; Tan, H.; Yang, Q.; Wang, F.; Yao, H.; Wei, Q.; Tanguay, R. M.; Wu, T. (2006): Association of hsp70 polymorphisms with risk of noise-induced hearing loss in Chinese automobile workers, Cell Stress Chaperones 11 [3], Seite 233-239, PMID: 17009596.

Zahnert, T. (2011): The differential diagnosis of hearing loss, Dtsch Arztebl Int 108 [25], Seite 433-444, PMID: 21776317.

Printed in the United States
By Bookmasters